住房和城乡建设领域施工现场专业人员继续教育培训教材

施工员（装饰方向）岗位知识（第二版）

中国建设教育协会继续教育委员会　组织编写

中国建筑工业出版社

图书在版编目（CIP）数据

施工员（装饰方向）岗位知识／中国建设教育协会
继续教育委员会组织编写. — 2版. — 北京：中国建筑
工业出版社，2021.9
住房和城乡建设领域施工现场专业人员继续教育培训
教材
ISBN 978-7-112-26492-6

Ⅰ.①施… Ⅱ.①中… Ⅲ.①建筑装饰-建筑施工-
继续教育-教材 Ⅳ.①TU767

中国版本图书馆 CIP 数据核字（2021）第 169969 号

责任编辑：李 杰 李 明
助理编辑：杜 川
责任校对：党 蕾

住房和城乡建设领域施工现场专业人员继续教育培训教材
施工员（装饰方向）岗位知识（第二版）
中国建设教育协会继续教育委员会 组织编写
*
中国建筑工业出版社出版、发行（北京海淀三里河路9号）
各地新华书店、建筑书店经销
北京鸿文瀚海文化传媒有限公司制版
北京同文印刷有限责任公司印刷
*

开本：787毫米×1092毫米 1/16 印张：13¾ 字数：340千字
2021年10月第二版 2021年10月第一次印刷
定价：**52.00**元
ISBN 978-7-112-26492-6
（38005）

丛书编委会

主　任：高延伟　丁舜祥　徐家斌

副主任：成　宁　徐盛发　金　强　李　明

委　员（按姓氏笔画排序）：

丁国忠　马　记　马升军　王　飞　王正宇　王东升

王建玉　白俊锋　吕祥永　刘　忠　刘　媛　刘清泉

李　志　李　杰　李亚楠　李斌汉　张　宠　张克纯

张丽娟　张贵良　张燕娜　陈华辉　陈泽攀　范小叶

金广谦　金孝权　赵　山　胡本国　胡兴福　姜　慧

黄　玥　阚咏梅　魏傪燕

出版说明

住房和城乡建设领域施工现场专业人员（以下简称施工现场专业人员）是工程建设项目现场技术和管理关键岗位从业人员，人员队伍素质是影响工程质量和安全生产的关键因素。当前，我国建筑行业仍处于较快发展进程中，城镇化建设方兴未艾，城市房屋建设、基础设施建设、工业与能源基地建设、交通设施建设等市场需求旺盛。为适应行业发展需求，各类新标准、新规范陆续颁布实施，各种新技术、新设备、新工艺、新材料不断涌现，工程建设领域的知识更新和技术创新进一步加快。

为加强住房和城乡建设领域人才队伍建设，提升施工现场专业人员职业水平，住房和城乡建设部印发了《关于改进住房和城乡建设领域施工现场专业人员职业培训工作的指导意见》（建人〔2019〕9号）、《关于推进住房和城乡建设领域施工现场专业人员职业培训工作的通知》（建办人函〔2019〕384号），并委托中国建筑工业出版社组织制定了《住房和城乡建设领域施工现场专业人员继续教育大纲》。依据大纲，中国建筑工业出版社、中国建设教育协会继续教育委员会和江苏省建设教育协会，共同组织行业内具有多年教学和现场管理实践经验的专家编写了本套教材。

本套教材共14本，即：《公共基础知识（第二版）》（各岗位通用）与《××员岗位知识（第二版）》（13个岗位），覆盖了《建筑与市政工程施工现场专业人员职业标准》涉及的施工员、质量员、标准员、材料员、机械员、劳务员、资料员等13个岗位，结合企业发展与从业人员技能提升需求，精选教学内容，突出能力导向，助力施工现场专业人员更新专业知识，提升专业素质、职业水平和道德素养。

我们的编写工作难免存在不足，请使用本套教材的培训机构、教师和广大学员多提宝贵意见，以便进一步修订完善。

第二版前言

为贯彻落实住房和城乡建设部《关于改进住房和建设领域施工现场专业人员职业培训工作的指导意见》(建人〔2019〕9 号)和《关于推进住房和城乡建设领域施工现场专业人员职业培训工作的通知》(建办人函〔2019〕384 号),规范开展住房和城乡建设领域施工现场专业人员培训工作,根据《住房和城乡建设领域施工现场专业人员继续教育大纲》,中国建设教育协会继续教育委员会组织编写了本套教材。

本教材是在 2019 年版住房和城乡建设领域施工现场专业人员继续教育培训教材《施工员(装饰方向)岗位知识》基础上修订,在修订过程中参照了《中华人民共和国建筑法》(2019 年 4 月 23 日修正)、《建筑工程施工质量评价标准》GB/T 50375—2016、《室内绿色装饰装修选材评价体系》GB/T 39126—2020、《住宅建筑室内装修污染控制技术标准[含光盘]》JGJ/T 436—2018、《建筑玻璃采光顶技术要求》JG/T 231—2018、《人造板材幕墙工程技术规范》GJ 336—2016 等标准规范。增加了《建设工程企业资质管理制度改革方案》及有关建筑装饰装修行业的改革内容;《关于政府采购支持绿色建材促进建筑品质提升试点工作的通知》《绿色建筑和绿色建材政府采购基本要求(试行)》中有关装饰装修材料采购与使用及创建筑装饰优质工程的要求;2020 年建筑装饰行业重点推广的 10 项新技术、装配式装饰装修施工技术、利用专业放线机器人进行施工放线技术、利用三维扫描仪、BIM 软件进行装饰空间复杂异形造型操作技术、搪瓷钢板安装施工工艺等新技术、新工艺,充实了一些新材料、新设备的内容,力求反映最新理论成果、最新政策法规和相关规范性文件,并力求前沿性和实用性。

本教材由南京华夏天成建设有限公司总工程师刘清泉(高级工程师)主编。南京国豪装饰安装工程股份有限公司总工程师袁高松(教授级高级工程师)、苏州广林建设有限责任公司常务副总经理张磊(高级经济师)、江苏天茂建设有限公司总工程师卢政忠(高级工程师)、南京银城建设发展股份有限公司常务副总经理管兵(高级室内建筑师)、深装总建设集团股份有限公司总工程师胡庆红(高级工程师)、江苏华特建筑装饰股份有限公司董事长毛桂余(高级工程师)、南京金中建幕墙装饰有限公司总裁崔开顺(高级工程师)参加编写。

本教材既可作为施工员(装饰方向)岗位继续教育培训考核的指导用书,又可作为施工现场相关岗位专业人员的实用工具教材,也可供建设单位、施工单位及相关高职高专、中职中专学校师生和相关专业技术人员参考使用。

本教材在中国建设教育协会继续教育委员会、江苏省建设教育协会协调指导下组织编写,历经多次讨论补充、修改完善,最终成稿,在编审人员的反复校对后,得以出版发行。在此对各位编审人员在编写教材过程中的辛勤劳动,对大力支持本教材编写和出版的企业,对参加本教材编写工作的苏州工业设备安装集团有限公司、江苏城乡建设职业学院给予的大力支持，并表示衷心的感谢！本教材在编写过程中参阅和引用了一些专家学者的著作，在此也一并表示衷心的感谢！

限于编者水平有限、编制时间仓促，教材中难免存在不妥之处，敬请广大读者批评指正。

编　者

2021 年 7 月

第一版前言

本教材根据住房和城乡建设部颁发了《关于改进住房和城乡建设领域施工现场专业人员职业培训工作的指导意见》（建人〔2019〕9 号）编写，在编写过程中参照了《建筑装饰装修工程质量验收标准》GB 50210—2018、《建筑内部装修设计防火规范》GB 50222—2017 等近 3 年的文件和规范以及仿木纹、彩色铝方通、贝壳粉涂料等绿色环保装饰装修材料标准，并编入装配式装饰装修施工、地暖石材施工、环氧磨石艺术地坪等新技术和新工艺，内容上力求反映最新理论成果和最新政策法规和规范性文件，力求突出前沿性和实用性。

本教材共分"新颁布或更新的法律、法规，新标准、新规范，新材料、新机具，新技术、新工艺"4 个章节。

本教材由南京华夏天成建设有限公司总工程师刘清泉（高级工程师）主编。南京国豪装饰安装工程股份有限公司总工程师袁高松（高级工程师）、苏州广林建设有限公司常务副总经理张磊（高级经济师）、江苏天茂建设有限公司总工程师卢政忠（高级工程师）、南京银城建设发展股份有限公司常务副总经理管兵（高级室内建筑师）、深装总建设集团股份有限公司总工程师胡庆红（高级工程师）、南京金中建幕墙装饰有限公司总裁崔开顺（高级工程师）参加编写。

本教材是住房和城乡建设领域施工现场专业人员的继续教育培训教材，也可作为建设、设计、施工、咨询等单位从事建筑装饰装修工程管理的专业人员参考用书。

本教材在编写过程中，参阅和引用了不少专家学者的著作，在此一并表示衷心感谢。

限于编者水平和编制时间有限，书中难免存在不妥之处，敬请广大读者批评指正。

目　　录

第1章 新颁布或更新的法律、法规

第1节 装饰装修工程相关的新法律、法规

1.1.1 《建设工程企业资质管理制度改革方案》

为贯彻落实 2019 年全国深化"放管服"改革优化营商环境电视电话会议精神和李克强总理重要讲话精神,深化建筑业"放管服"改革,做好建设工程企业资质(包括工程勘察、设计、施工、监理企业资质,以下统称企业资质)认定事项压减工作,中华人民共和国住房和城乡建设部于 2020 年 11 月 30 日发布《关于印发建设工程企业资质管理制度改革方案的通知》(建市〔2020〕94 号),颁布了《建设工程企业资质管理制度改革方案》。

《建设工程企业资质管理制度改革方案》(以下简称《方案》)明确,进一步放宽建筑市场准入限制,优化审批服务,激发市场主体活力。同时,坚持放管结合,加大事中事后监管力度,切实保障建设工程质量安全。

《方案》要求,对部分专业划分过细、业务范围相近、市场需求较小的企业资质类别予以合并,对层级过多的资质等级进行归并。改革后,工程勘察资质分为综合资质和专业资质,工程设计资质分为综合资质、行业资质、专业和事务所资质,施工资质分为综合资质、施工总承包资质、专业承包资质和专业作业资质,工程监理资质分为综合资质和专业资质。资质等级原则上压减为甲、乙两级(部分资质只设甲级或不分等级),资质等级压减后,中小企业承揽业务范围将进一步放宽,有利于促进中小企业发展。

《方案》提出,放宽准入限制,激发企业活力。住房和城乡建设部会同国务院有关主管部门制定统一的企业资质标准,大幅精简审批条件,放宽对企业资金、主要人员、工程业绩和技术装备等的考核要求。适当放宽部分资质承揽业务规模上限,多个资质合并的,新资质承揽业务范围相应扩大至整合前各资质许可范围内的业务,尽量减少政府对建筑市场微观活动的直接干预,充分发挥市场在资源配置中的决定性作用。

《方案》同时要求,加强事中事后监管,保障工程质量安全。坚持放管结合,加大资质审批后的动态监管力度,创新监管方式和手段,全面推行"双随机、一公开"监管方式和"互联网+监管"模式,强化工程建设各方主体责任落实,加大对转包、违法分包、资质挂靠等违法违规行为查处力度,强化事后责任追究,对负有工程质量安全事故责任的企业、人员依法严厉追究法律责任。

《方案》强调,健全信用体系,发挥市场机制作用。进一步完善建筑市场信用体系,强化信用信息在工程建设各环节的应用,完善"黑名单"制度,加大对失信行为的惩戒力度。加快推行工程担保和保险制度,进一步发挥市场机制作用,规范工程建设各方主体行为,有效控制工程风险。

1.1.2 有关建筑装饰装修行业的资质改革内容

1. 设计资质

建筑装饰工程设计专项，调整为建筑装饰工程通用专业，设甲、乙两级。

建筑幕墙工程设计专项，调整为建筑幕墙工程通用专业，设甲、乙两级。

2. 施工资质

建筑装修装饰工程专业承包与建筑幕墙工程专业承包，合并为建筑装修装饰工程专业承包，设甲、乙两级。

3. 确保平稳过渡

《方案》要求做好资质标准修订和换证工作，确保平稳过渡。设置 1 年过渡期，到期后实行简单换证，即按照新旧资质对应关系直接换发新资质证书，不再重新核定资质。

第 2 节　建筑装饰装修工程相关的新行政规章

1.2.1 《关于政府采购支持绿色建材促进建筑品质提升试点工作的通知》

为发挥政府采购政策功能，加快推广绿色建筑和绿色建材应用，促进建筑品质提升和新型建筑工业化发展，根据《中华人民共和国政府采购法》和《中华人民共和国政府采购法实施条例》，财政部　住房和城乡建设部发布《关于政府采购支持绿色建材促进建筑品质提升试点工作的通知》（财库〔2020〕31 号）。

1. 总体要求

（1）指导思想

以习近平新时代中国特色社会主义思想为指导，牢固树立新发展理念，发挥政府采购的示范引领作用，在政府采购工程中积极推广绿色建筑和绿色建材应用，推进建筑业供给侧结构性改革，促进绿色生产和绿色消费，推动经济社会绿色发展。

（2）基本原则

坚持先行先试。选择一批绿色发展基础较好的城市，在政府采购工程中探索支持绿色建筑和绿色建材推广应用的有效模式，形成可复制、可推广的经验。

强化主体责任。压实采购人落实政策的主体责任，通过加强采购需求管理等措施，切实提高绿色建筑和绿色建材在政府采购工程中的比重。

加强统筹协调。加强部门间的沟通协调，明确相关部门职责，强化对政府工程采购、实施和履约验收中的监督管理，引导采购人、工程承包单位、建材企业、相关行业协会及第三方机构积极参与试点工作，形成推进试点的合力。

（3）工作目标

在政府采购工程中推广可循环可利用建材、高强度高耐久建材、绿色部品部件、绿色装饰装修材料、节水节能建材等绿色建材产品，积极应用装配式、智能化等新型建筑工业化建造方式，鼓励建成二星级及以上绿色建筑。到 2022 年，基本形成绿色建筑和绿色建材政府采购需求标准，政策措施体系和工作机制逐步完善，政府采购工程建筑品质得到提升，绿色消费和绿色发展的理念进一步增强。

2. 试点对象和时间

（1）试点城市。试点城市为南京市、杭州市、绍兴市、湖州市、青岛市、佛山市。鼓励其他地区按照本通知要求，积极推广绿色建筑和绿色建材应用。

（2）试点项目。试点项目为医院、学校、办公楼、综合体、展览馆、会展中心、体育馆、保障性住房等新建政府采购工程。鼓励试点地区将使用财政性资金实施的其他新建工程项目纳入试点范围。

（3）试点期限。试点时间为 2 年，相关工程项目原则上应于 2022 年 12 月底前竣工。对于较大规模的工程项目，可适当延长试点时间。

3. 试点内容

（1）形成绿色建筑和绿色建材政府采购需求标准。财政部、住房和城乡建设部会同相关部门根据建材产品在政府采购工程中的应用情况、市场供给情况和相关产业升级发展方向等，结合有关国家标准、行业标准等绿色建材产品标准，制定发布《绿色建筑和绿色建材政府采购基本要求（试行）》（以下简称《基本要求》）。财政部、住房和城乡建设部将根据试点推进情况，动态更新《基本要求》，并在中华人民共和国财政部网站（www.mof.gov.cn）、住房和城乡建设部网站（www.mohurd.gov.cn）和中国政府采购网（www.ccgp.gov.cn）发布。试点地区可根据地方实际情况，对《基本要求》中的相关设计要求、建材种类和具体指标进行微调。试点地区要通过试点，在《基本要求》的基础上，细化和完善绿色建筑政府采购相关设计规范、施工规范和产品标准，形成客观、量化、可验证，适应本地区实际和不同建筑类型的绿色建筑和绿色建材政府采购需求标准，报财政部、住房和城乡建设部。

（2）加强工程设计管理。采购人应当要求设计单位根据《基本要求》编制设计文件，严格审查或者委托第三方机构审查设计文件中执行《基本要求》的情况。试点地区住房和城乡建设部门要加强政府采购工程中落实《基本要求》情况的事中事后监管。同时，要积极推动工程造价改革，完善工程概预算编制办法，充分发挥市场定价作用，将政府采购绿色建筑和绿色建材增量成本纳入工程造价。

（3）落实绿色建材采购要求。采购人要在编制采购文件和拟定合同文本时将满足《基本要求》的有关规定作为实质性条件，直接采购或要求承包单位使用符合规定的绿色建材产品。绿色建材供应商在供货时应当提供包含相关指标的第三方检测或认证机构出具的检测报告、认证证书等证明性文件。对于尚未纳入《基本要求》的建材产品，鼓励采购人采购获得绿色建材评价标识、认证或者获得环境标志产品认证的绿色建材产品。

（4）探索开展绿色建材批量集中采购。试点地区财政部门可以选择部分通用类绿色建材探索实施批量集中采购。由政府集中采购机构或部门集中采购机构定期归集采购人绿色建材采购计划，开展集中带量采购。鼓励通过电子化政府采购平台采购绿色建材，强化采购全流程监管。

（5）严格工程施工和验收管理。试点地区要积极探索创新施工现场监管模式，督促施工单位使用符合要求的绿色建材产品，严格按照《基本要求》的规定和工程建设相关标准施工。工程竣工后，采购人要按照合同约定开展履约验收。

（6）加强对绿色采购政策执行的监督检查。试点地区财政部门要会同住房和城乡建设部门通过大数据、区块链等技术手段密切跟踪试点情况，加强有关政策执行情况的监督检查。对于采购人、采购代理机构和供应商在采购活动中的违法违规行为，依照政府采购法律制度有关规定处理。

4. 保障措施

（1）加强组织领导。试点地区要高度重视政府采购支持绿色建筑和绿色建材推广试点工作，大胆创新，研究建立有利于推进试点的制度机制。试点地区财政部门、住房和城乡建设部门要共同牵头做好试点工作，及时制定出台本地区试点实施方案，报财政部、住房和城乡建设部备案。试点实施方案印发后，有关部门要按照职责分工加强协调配合，确保试点工作顺利推进。

（2）做好试点跟踪和评估。试点地区财政部门、住房和城乡建设部门要加强对试点工作的动态跟踪和工作督导，及时协调解决试点中的难点堵点，对试点过程中遇到的关于《基本要求》具体内容、操作执行等方面问题和相关意见建议，要及时向财政部、住房和城乡建设部报告。财政部、住房和城乡建设部将定期组织试点情况评估，试点结束后系统总结各地试点经验和成效，形成政府采购支持绿色建筑和绿色建材推广的全国实施方案。

（3）加强宣传引导。加强政府采购支持绿色建筑和绿色建材推广政策解读和舆论引导，统一各方思想认识，及时回应社会关切，稳定市场主体预期。通过新闻媒体宣传推广各地的好经验好做法，充分发挥试点示范效应。

1.2.2　《绿色建筑和绿色建材政府采购基本要求（试行）》中有关装饰装修材料采购与使用的要求（节选）

以下内容采用原文体例格式。

1　总则

1.1　适用范围

医院、学校、办公楼、综合体、展览馆、会展中心、体育馆、保障性住房等新建工程项目。

1.2　建造方式

应采用装配式、智能化等精益施工的新型建筑工业化建造方式。

注：装配率不应低于50%，以单体建筑作为计算单元。装配率计算参照现行国家标准《装配式建筑评价标准》GB/T 51129。

1.3　结构类型

展览馆、会展中心、体育馆应采用钢结构。医院、学校、办公楼、综合体、保障性住房应采用混凝土结构或钢结构。

2　基本规定

2.0.1　在项目立项、招标采购、建筑设计、工程施工、质量验收等建筑全生命周期过程中，政府采购工程选取的建材产品应符合《绿色建筑和绿色建材政府采购基本要求（试行）》（以下简称《基本要求》）的指标要求，未列入《基本要求》的应参考绿色建筑、绿色建材等相关标准要求。

2.0.2　《基本要求》中涉及的产品、材料及设备除应当符合《基本要求》技术指标外，还应当满足相应的法律法规和强制性标准要求。

2.0.3　产品性能指标应同时符合使用地的地方标准要求，不得使用附录 A 中规定的禁止使用的产品。

附录 A 禁止使用的产品目录

序号	产品名称
1	使用非耐碱玻纤或非低碱水泥生产的玻纤增强水泥(GRC)空心条板
2	陶土坩埚拉丝玻璃纤维和制品及其增强塑料(玻璃钢)制品
3	25A 空腹钢窗
4	S-2 型混凝土轨枕
5	一次冲洗最大用水量 8 升以上的坐便器
6	角闪石石棉(即蓝石棉)
7	非机械生产的中空玻璃、双层双框各类门窗及单腔结构型的塑料门窗
8	采用二次加热复合成型工艺生产的聚乙烯丙纶类复合防水卷材、聚乙烯丙纶复合防水卷材(聚乙烯芯材厚度在 0.5mm 以下);棉涤玻纤(高碱)网格复合胎基材料、聚氯乙烯防水卷材(S 型)
9	石棉绒质离合器面片、合成火车闸瓦,石棉软木湿式离合器面片

注:禁止使用的产品目录取自国家发展改革委《产业结构调整指导目录(2019 年本)》,实施过程中如有更新以最新版本为准

3 建设要求

3.1 一般要求

3.1.1 保障性住房项目应全装修交付,其他建筑至少应对公共区域进行全装修交付。

全装修包括但不限于:公共建筑公共区域的固定面全部铺贴、粉刷完成,水、暖、电、通风等基本设备全部安装到位;住宅建筑内部墙面、顶面、地面全部铺贴、粉刷完成,门窗、固定家具、设备管线、开关插座及厨房、卫生间固定设施安装到位。

3.1.2 应结合场地自然条件和建筑功能需求,对建筑的体形、平面布局、空间尺度、围护结构等进行节能设计,且应符合国家有关节能设计的要求。

3.1.3 采取提升建筑部品部件耐久性的措施,并满足下列要求:

1 使用耐腐蚀、抗老化、耐久性能好的管材、管线、管件;

2 活动配件选用长寿命产品,并考虑部品组合的同寿命性;不同使用寿命的部品组合时,采用便于分别拆换、更新和升级的构造。

3.2 建筑

3.2.2 建筑外门窗必须安装牢固,其抗风压性能和水密性能应符合国家现行有关标准的规定。

3.2.3 室内外地面或路面应满足以下防滑措施:

1 建筑出入口及平台、公共走廊、电梯门厅、厨房、浴室、卫生间等设置防滑措施,防滑等级不低于现行行业标准《建筑地面工程防滑技术规程》JGJ/T 331 规定的 B_d、B_W 级;

2 建筑室内外活动场所采用防滑地面,防滑等级达到现行行业标准《建筑地面工程防滑技术规程》JGJ/T 331 规定的 A_d、A_W 级;

3 建筑坡道、楼梯踏步防滑等级达到现行行业标准《建筑地面工程防滑技术规程》JGJ/T 331 规定的 A_d、A_W 级或按水平地面等级提高一级,并采用防滑条等防滑构造技术措施。

3.2.4 采取措施优化主要功能房间的室内声环境。噪声级达到现行国家标准《民用建筑隔声设计规范》GB 50118 中的低限标准限值和高要求标准限值的平均值。

3.3.4 卫生间、浴室的地面应设置防水层，墙面、顶棚应设置防潮层。

注：防水层和防潮层设计应符合现行行业标准《住宅室内防水工程技术规范》JGJ 298 的规定。

3.7 部品与材料

3.7.1 建筑所有区域实施土建工程与装修工程一体化设计及施工。

5 建筑装饰装修材料

5.1 隔断材料

5.1.1 纸面石膏板隔断

主要材料（系统）：纸面石膏板隔断。

材料性能要求见表30。

表 30

绿色要求	品质属性要求
单位产品石棉含量为 0g/m²	1. 吸水率≤8% 2. 48h 受潮挠度≤5mm

注：依据 T/CECS 10056

5.1.2 吊顶材料

（1）主要材料（系统）：纸面石膏板。

详见 5.1.1。

（2）主要材料（系统）：矿棉吸声板。

材料性能要求见表31。

表 31

绿色要求	品质属性要求
内照射指数 I_{Ra}≤1.0，外照射指数 I_r≤1.3	燃烧性能达到 A_2 级

注：依据 GB 6566、GB 8624

（3）主要材料（系统）：集成吊顶。

材料性能要求见表32。

表 32

绿色要求	品质属性要求
1. 换气模块能效等级达到 2 级 2. LED 照明模块能效等级达到 2 级 3. 辐射式取暖器光效率衰减 1lm/W 4. 风暖式取暖器功率衰减(2000h)≤8%	1. 换气模块运行噪声(额定功率≤40W 时)≤55dB 2. 风暖模块运行噪声(额定功率≤2000W 时)≤60dB

注：依据 T/CECS 10053

其他装饰装修材料和部品部件详见《绿色建筑和绿色建材政府采购基本要求（试行）》。

1.2.3 《室内绿色装饰装修选材评价体系》GB/T 39126—2020（节选）

室内装饰装修材料的选择影响室内环境质量，是室内装饰装修首要环节。室内装饰装修材料选择不当及多种装饰材料的集成应用，会造成室内空气污染；甚至完全符合标准的装饰装修材料应用于室内时，污染物浓度仍然会超过室内空气质量标准的要求。选材不当还会造成室内环境的健康舒适性差；而使用可持续发展性差的材料，会使资源和能源过度消耗，影响发展的可持续性。

制定本标准的目的是从装饰装修设计选材阶段开始对室内空气污染进行预测与控制并兼顾材料发展的绿色化和可持续性要求，为实现室内绿色化装饰装修提供技术标准方法支撑。

标准用污染源头控制理念，建立了可靠的装饰装修材料污染物释放量的测试方法，并确定材料污染物释放量与承载率的关系，进而建立空气污染预评价方法。标准计算多种装饰装修材料集成应用时，室内甲醛、苯、甲苯、二甲苯、TVOC 等污染物的浓度值，从而对室内空气污染浓度进行预评价并对室内装饰装修材料的环境健康改善性能和可持续性等指标进行评价。根据评价结果，可对室内装饰装修材料进行选择调整。

标准预评结果为装饰企业、业主选择装饰材料提供参考和指导，并引导装饰装修材料生产企业更加注重装饰装修材料的环保性能、功能性和可持续性，促进绿色装饰装修材料应用和发展，创造安全、舒适、健康、绿色环保的室内居住环境。

1. 评价体系的适用范围

（1）适用于民用建筑工程室内装饰装修材料选择的评价；

（2）给出了室内装饰装修选材的通则、控制项、评分项、等级划分。

2. 评价体系的主要技术内容

（1）通则。确定满分为 110 分，其中室内空气污染度 70 分，室内环境健康改善功能 20 分，可持续性 10 分，加分项 10 分。根据装饰装修项目评价得分，划分为一星级（☆）、二星级（☆☆）、三星级（☆☆☆）。

（2）控制项。室内甲醛、苯、甲苯、二甲苯、TVOC 等五项污染物的浓度预测值在不高于浓度限值后，方可进行评分。

（3）评分项。主要条文有：评分项评价步骤、室内空气污染度评价、室内环境健康功能性评价、可持续性评价、加分项评价、评分项评分、等级划分等。

第2章 新标准、新规范

第1节 中国建筑装饰协会团体标准

2.1.1 团体标准的诞生和发展

标准是世界的通用语言，公认的技术规则，也是国际贸易的依据和通行证。随着我国综合国力的不断增强，标准化建设在便利国际经贸往来、加快技术交流、促进产能合作、降低交易成本和实现共同效益等方面的作用日益凸显。2015年，国务院印发了《深化标准化工作改革方案》，确定建立政府主导与市场自主制定标准协同发展、协调配套的新型标准体系，支持发展团体标准。2018年1月1日，伴随修订后的《中华人民共和国标准化法》正式实施，团体标准被赋予明确的法律地位，进入依法规范快速发展阶段。

团体标准作为市场自主制定标准的主要方面，与我国深度的改革开放紧密联系在一起，是标准化改革的重要内容。团体标准在促进技术革新、规范市场秩序、引领行业发展中发挥着积极作用。社会团体充分发挥自身优势，依据市场需求制定团体标准，或是填补国家、行业标准空白，或是执行更加严格的标准，促进行业健康有序发展。

团体标准诞生于改革发展和市场经济的沃土之中，尽管发展蓬勃，但也存在一系列问题。本书聚焦团体标准编制的全过程，以法律、法规、规章和标准为基础，以团体标准管理和良好行为为主线，在仔细梳理和深入分析研究大量团体标准实例的基础上，针对当前团体标准编写机构遇到的常见问题，围绕团体机构组织管理的高效性、团体标准编制过程的合规性、标准内容的科学性和标准编写的规范性等方面展开笔墨，为社会团体的团体标准编制工作提供指导。

2018年1月1日，新版《中华人民共和国标准化法》（以下简称《标准化法》）正式实施，对我国标准化制度进行重大改革，确立了团体标准在我国标准体系中的法律地位。这是我国标准化发展史极为重要的里程碑事件，不仅为发挥市场在标准化资源配置中的决定性作用提供了重要法理基础，也为推进国家治理体系和治理能力现代化提供有力支撑和保障。

团体标准在我国是一个既熟悉又陌生的事物，是各类协会、学会及技术产业联盟等社会团体发布的标准的统称。早在20世纪80年代末90年代初，已有相关协会制定并发布了本团体的协会标准，如中国工程建设标准化协会于1988年发布第一部协会标准《呋喃树脂防腐蚀工程技术规程》。我国团体标准发展历程，大致可分为民间自发、技术标准联盟化和国家全面培育发展团体标准三个阶段。以下介绍国家全面培育发展团体标准阶段。

2.1.2 国家全面培育发展团体标准阶段

1. 开启快速发展的帷幕

2015年3月11日，国务院在《深化标准化工作改革方案》国发（〔2015〕13号文）中明确提出要培育发展团体标准，"鼓励具备相应能力的学会、协会、商会、联合会等社会组织和产业技术联盟协调相关市场主体共同制定满足市场创新需要的标准，供市场资源选用，增加标准的有效供给"，由此团体标准开启快速发展的帷幕。2015 年 5 月 11 日，国家标准化管理委员会（简称国家标准委）办公室关于联合开展团体标准试点工作的复函，明确同意与中国科学技术协会联合组织中国标准化协会、中国汽车工程学会、中华中医药学会等 12 家单位开展团体标准试点工作。2015 年 6 月 5 日，国家标准委办公室关于下达团体标准试点工作任务的通知。2015 年 7 月，国家标准委发布《关于印发第一批团体标准试点单位名单的通知》（标委办工一〔2015〕80 号），第一批试点单位共 39 家。

2015 年 8 月 30 日，在国务院办公厅《关于印发贯彻实施〈深化标准化工作改革方案〉行动计划（2015—2016 年）的通知》中明确开展团体标准试点工作，研究制定推进科技类学术团体开展标准制定和管理的实施办法，做好学会有序承接政府转移职能的试点工作，在市场化程度高、技术创新活跃和产品类标准较多的领域，鼓励有条件的学会、协会、商会和联合会等先行先试，开展团体标准试点。在总结试点经验基础上，加快制定团体标准发展指导意见和标准化良好行为规范，进一步明确团体标准制定程序和评价准则。

2015 年 12 月 17 日，在国务院办公厅《关于印发〈国家标准化体系建设发展规划（2016—2020 年）〉的通知》中明确提出发挥市场主体作用，鼓励企业和社会组织制定严于国家标准、行业标准的企业标准和团体标准，将拥有自主知识产权的关键技术纳入企业标准或团体标准，促进技术创新、标准研制和产业化协调发展。

2016 年 2 月 29 日，国家市场监督管理总局、国家标准委联合印发《关于培育和发展团体标准的指导意见》，指出了发展团体标准的基本原则、主要目标和管理方式等内容。2016 年 4 月 25 日，国家市场监督管理总局、国家标准委联合发布实施《团体标准化 第 1 部分：良好行为指南》GB/T 20004.1—2016，指出了团体标准化活动的一般原则、团体标准的制定程序和编写规则等方面的良好行为指南。

2. 确立法律地位

2017 年 11 月 4 日，《标准化法》首次确立了团体标准的法律地位。2017 年 12 月 15 日，国家市场监督管理总局、国家标准委、民政部联合出台《团体标准管理规定（试行）》，对团体标准的制定、实施、监督等内容进行了具体规定，明确了谁能干、怎么干、怎么管的问题。各政府和部门对团体标准高度重视，随之出台了相应的贯彻落实措施，使团体标准近几年在国内得到了快速发展。如工业和信息化部于 2017 年 12 月 19 日发布了《关于培育发展工业通信业团体标准的实施意见》。

2018 年 1 月 1 日《标准化法》正式实施，明确规定了"标准包括国家标准、行业标准、地方标准和团体标准、企业标准"，第一次赋予了团体标准法律地位，我国标准由四级标准变成五级标准，形成新型标准体系。团体标准的加入既改变了我国的标准体系和标准供给结构，也激发了市场的活力。

3. 规范、引导和监督发展

现阶段团体标准总体发展势头良好，积累了有益的经验，在构建新型标准体系中的作用越来越重要。但是，在团体标准发展过程中也逐渐显现了一些新的问题，比如：在制定主体方面，一些社会团体制定的团体标准科学性、规范性、协调性不够，引起社会质疑；在监督管理方面，对于团体标准制定过程中出现问题的处理，有关部门的职责不够明确、处理程序不够清晰。为妥善解决这些新出现的问题，进一步加强对团体标准化工作的规范、引导和监督，促进团体标准化工作健康有序发展，国家标准委于 2018 年 7 月 30 日发布了《关于印发第二批团体标准试点名单的通知》（标委办工一〔2018〕59 号），第二批试点单位共 144 家；于 2018 年 7 月 13 日发布了《团体标准化第 2 部分：良好行为评价指南》GB/T 20004.2—2018；同时开始对《团体标准管理规定（试行）》进行修订。

在此背景下，国家标准委围绕贯彻落实《标准化法》对团体标准的要求，结合《团体标准管理规定（试行）》的实施情况，总结有关部门的做法和团体标准试点经验，分析团体标准发展中的问题，通过开展调研、座谈等方式，与有关部门、社会团体、专家等进行交流沟通，广泛征求意见。经国务院标准化协调推进部际联席会议第五次全体会议审议通过，国家标准委、民政部于 2019 年 1 月 9 日印发了《团体标准管理规定》（国标委联〔2019〕1 号）。

《团体标准管理规定》的正式出台，对团体标准化事业发展来说是一份非常重要的规范性文件，也必将发挥重要作用。

2.1.3 中国建筑装饰协会团体标准的发展

中华人民共和国成立以来，我国制定标准的范围主要集中在工业产品、工程建设和环保三大领域，工程建设标准体制来自于苏联，是政府主导制定的标准。中国建筑装饰协会团体标准（简称 CBDA 标准，下同），作为市场自主制定的标准，是中国建筑装饰协会的一大制度创新，是自中国建设标准化协会 CECS 标准（1986 年由原国家计委委托）后，住房和城乡建设部部管社团的第二个团体标准。

CBDA 标准 2014 年开始起步的另一项重大行业成果是《关于我国建筑装饰行业技术标准的调研报告》，基本上理清了中华人民共和国成立以来我国建筑装饰行业标准的发展脉络，从大数据上得出两个重大判断：

一是 1966 年是我国现代装饰行业的起点。以往业内认为，我国现代建筑装饰行业的起步是始自 1978 年的改革开放，而实际情况是，我国关于建筑装饰工程的第一部国家标准，是 1966 年原建筑工程部批准颁发的《装饰工程施工及验收规范》GBJ 15—66。标准，既是对细分行业需求的制度性供给，也是社会对细分行业的认可。1966 年，是我国现代建筑装饰行业起步、形成和发展的重要时间节点，比原来行业的认知推前了 12 年。

二是装修标准与工程建设标准差距甚大。1966～2016 年，五十年来，我国政府主导制定的建筑装饰行业标准共有 136 项，其中全国的 86 项（国标 6 项）、地方的 50 项，包括公共建筑装饰装修（公装）69 项、住宅建筑装饰装修（家装）24 项、建筑幕墙工程 43 项，为这一重要历史时期我国工程建设和建筑装饰行业发展做出了重要贡献。

中华人民共和国成立以来 136 项政府主导制定的建筑装饰行业标准，只是我国 7100 多项现行各类工程建设标准的 1.9%，4496 项国家工程建设标准（国标、行标）的 3%，829 项房屋建筑标准的 16%。现行的 1071 项工程建设国标，建筑装饰行业的只有 6 项，仅占 0.56%。住房和城乡建设部标准化技术支撑机构 21 个标准化委员会中没有涉及建筑装饰业。

建筑装饰行业标准的发展与其作为建筑业四大行业（房屋建筑业、土木工程建筑业、建筑安装业、建筑装饰和其他建筑业）之一的地位和作用极不相称，但同时给 CBDA 标准编制工作预留了巨大的生存和发展空间。

2014 年中国建筑装饰协会在住房和城乡建设部标准定额司指导下，启动了中国建筑装饰协会标准（China Building Decoration Association 简称：CBDA 标准）的编制工作。2014 年 6 月 12 日，中国建筑装饰协会在苏州召开了 CBDA 标准立项的"建筑装饰行业技术标准编制工作会议"，会议根据住房和城乡建设部关于在我国工程建设标准体系将增加"社团标准"的改革方向做出积极响应：先行先试，探索创新。

2014 年 6 月 24 日，中国建筑装饰协会做出《关于首批中装协标准立项的批复》，12 项标准报送住房和城乡建设部待批立项。12 月 26 日，住房和城乡建设部《2015 年工程建设标准规范制订、修订计划》（建标〔2014〕189 号），确定了报送的 12 项标准中《建筑装饰装修工程成品保护技术规程》和《轻质砂浆》两项标准立项，由中国建筑装饰协会分别与深圳市建筑装饰（集团）有限公司、深圳广田集团股份有限公司共同主编，其他 10 项作为 CBDA 标准进行编制。

2015 年 3 月 11 日，国务院《深化标准化工作改革方案》（国发〔2015〕13 号）做出了"培育发展团体标准"的重大国家发展战略决策。3 月 13 日，住房和城乡建设部办公厅《关于征集 2016 年工程建设标准制订、修订项目的通知》（建办〔2015〕182 号）要求，对量大面广的推荐性专用标准，原则上由各社会组织制定和发布。

住房和城乡建设部从 2015 年起，不再制修订推荐性工程建设标准，即不再受理企业能够参编的非公益性标准，2015 年批准的国标和行标，2017 年 10 月都应完成报批稿。从 2016 年起，已不再组织不再制修订政府主导的推荐性工程建设标准（GB/T、JGJ、JG、JC 等），同时推进政府推荐性标准向团体标准转化。

CBDA 标准，是 2015 年工程建设标准化重大改革后，住房和城乡建设部第一个具有市场化意义的团体标准。根据国家和住房和城乡建设部工程建设标准化改革的发展方向和制度安排，CBDA 标准将成为建筑装饰行业和市场需要的主要标准，意义重大。

2.1.4 已经批准发布的建筑装饰行业工程建设 CBDA 标准

截至 2021 年 3 月底，中国建筑装饰协会已经批准 CBDA 标准立项 23 批、101 项，已经批准发布了 51 项，在编标准 50 项，其中包含根据住房和城乡建设部办公厅《可转化成团体标准的现行工程建设推荐性标准目录（2018 版）的通知》（建办标函〔2018〕168 号）的要求，转化承接的 3 项国家标准、行业标准，分别为《住宅室内装饰装修工程质量验收规范》JGJ/T 304—2013、《房屋建筑室内装饰装修制图标准》JGJ/T 244—2011、《住宅装饰装修工程施工规范》GB 50327—2001，此 3 项标准均已基本完成转化编制工作。

中国建筑装饰协会已经批准的建筑装饰行业 CBDA 标准见表 2-1。

中国建筑装饰协会已经批准的建筑装饰行业 CBDA 标准 表 2-1

序号	标准名称	批准发布时间	审批文件号	标准编号
1	环氧磨石地坪装饰装修技术规程	2016.08.30	中装协〔2016〕51 号	T/CBDA 1—2016
2	绿色建筑室内装饰装修评价标准	2016.09.09	中装协〔2016〕52 号	T/CBDA 2—2016
3	建筑装饰装修工程 BIM 实施标准	2016.09.12	中装协〔2016〕53 号	T/CBDA 3—2016
4	建筑装饰装修工程木质部品	2016.11.21	中装协〔2016〕77 号	T/CBDA 4—2016
5	商业店铺装饰装修技术规程	2016.11.21	中装协〔2016〕78 号	T/CBDA 5—2016
6	室内泳池热泵系统技术规程	2016.12.08	中装协〔2016〕83 号	T/CBDA 6—2016

续表

序号	标准名称	批准发布时间	审批文件号	标准编号
7	建筑幕墙工程 BIM 实施标准	2016.12.26	中装协〔2016〕90 号	T/CBDA 7—2016
8	室内装饰装修工程人造石材应用技术规程	2017.07.06	中装协〔2017〕52 号	T/CBDA 8—2017
9	轨道交通车站幕墙工程技术规程	2017.07.18	中装协〔2017〕58 号	T/CBDA 9—2017
10	寺庙建筑装饰装修工程技术规程	2018.02.01	中装协〔2018〕05 号	T/CBDA 10—2018
11	机场航站楼室内装饰装修工程技术规程	2018.03.28	中装协〔2018〕18 号	T/CBDA 11—2018
12	中国建筑装饰行业企业主体信用评价标准	2018.03.08	中装协〔2018〕26 号	T/CBDA 12—2018
13	轨道交通车站装饰装修施工技术规程	2018.05.18	中装协〔2018〕44 号	T/CBDA 13—2018
14	建筑装饰装修施工测量放线技术规程	2018.05.28	中装协〔2018〕47 号	T/CBDA 14—2018
15	电影院室内装饰装修技术规程	2018.06.18	中装协〔2018〕60 号	T/CBDA 15—2018
16	家居建材供应链一体化服务规程	2018.07.01	中装协〔2018〕74 号	T/CBDA 16—2018
17	轨道交通车站装饰装修设计规程	2018.07.10	中装协〔2018〕75 号	T/CBDA 17—2018
18	建筑装饰装修室内吊顶支撑系统技术规程	2018.08.03	中装协〔2018〕80 号	T/CBDA 18—2018
19	住宅室内装饰装修工程施工实测实量技术规程	2018.08.13	中装协〔2018〕81 号	T/CBDA 19—2018
20	医疗洁净装饰装修工程技术规程	2018.08.13	中装协〔2018〕82 号	T/CBDA 20—2018
21	轨道交通车站标识设计规程	2018.08.22	中装协〔2018〕85 号	T/CBDA 21—2018
22	室内装饰装修乳胶漆施工技术规程	2018.10.08	中装协〔2018〕94 号	T/CBDA 22—2018
23	硅藻泥装饰装修技术规程	2018.10.16	中装协〔2018〕96 号	T/CBDA 23—2018
24	轨道交通车站装饰装修工程 BIM 实施标准	2018.12.06	中装协〔2018〕109 号	T/CBDA 24—2018
25	幼儿园室内装饰装修技术规程	2018.12.12	中装协〔2018〕110 号	T/CBDA 25—2018
26	建筑幕墙工程设计文件编制标准	2019.01.30	中装协〔2019〕12 号	T/CBDA 26—2019
27	建筑装饰装修机电末端综合布置技术规程	2019.02.20	中装协〔2019〕13 号	T/CBDA 27—2019
28	建筑室内安全玻璃工程技术规程	2019.05.28	中装协〔2019〕61 号	T/CBDA 28—2019
29	搪瓷钢板工程技术规程	2019.05.28	中装协〔2019〕62 号	T/CBDA 29—2019
30	既有建筑幕墙改造技术规程	2019.08.23	中装协〔2019〕102 号	T/CBDA 30—2019
31	单元式幕墙生产技术规程	2019.08.23	中装协〔2019〕103 号	T/CBDA 31—2019
32	住宅全装修工程技术规程	2019.09.12	中装协〔2019〕113 号	T/CBDA 32—2019
33	超高层建筑玻璃幕墙施工技术规程	2019.10.30	中装协〔2019〕122 号	T/CBDA 33—2019
34	室内装饰装修金属饰面工程技术规程	2019.11.01	中装协〔2019〕123 号	T/CBDA 34—2019
35	建筑装饰装修工程施工组织设计标准	2019.12.30	中装协〔2019〕148 号	T/CBDA 35—2019
36	室内装饰装修改造技术规程	2020.01.09	中装协〔2020〕01 号	T/CBDA 36—2020
37	机场航站楼建筑幕墙工程技术规程	2020.03.12	中装协〔2020〕07 号	T/CBDA 37—2020
38	老年人设施室内装饰装修技术规程	2020.03.20	中装协〔2020〕08 号	T/CBDA 38—2020
39	光电建筑技术应用规程	2020.03.24	中装协〔2020〕09 号	T/CBDA 39—2020
40	展览陈列工程技术规程	2020.06.01	中装协〔2020〕11 号	T/CBDA 40—2020
41	幕墙石材板块生产技术规程	2020.07.16	中装协〔2020〕12 号	T/CBDA 41—2020

续表

序号	标准名称	批准发布时间	审批文件号	标准编号
42	功能性内墙涂料	2020.08.24	中装协〔2020〕21 号	T/CBDA 42—2020
43	租赁住房装饰装修技术规程	2020.10.27	中装协〔2020〕32 号	T/CBDA 43—2020
44	博物馆室内装饰装修技术规程	2020.11.16	中装协〔2020〕39 号	T/CBDA 44—2020
45	民用建筑环境适老性能等级评价标准	2020.12.18	中装协〔2020〕59 号	T/CBDA 45—2020
46	商业道具通用技术规程	2021.01.13	中装协〔2021〕09 号	T/CBDA 46—2021
47	建筑室内装饰装修制图标准	2021.01.13	中装协〔2021〕08 号	T/CBDA 47—2021
48	单元式玻璃幕墙施工和验收技术规程	2021.02.07	中装协〔2021〕11 号	T/CBDA 48—2021
49	建筑装饰装修室内空间照明设计应用标准	2021.02.03	中装协〔2021〕13 号	T/CBDA 49—2021
50	老年人照料设施建筑装饰装修设计规程	2021.03.03	中装协〔2021〕18 号	T/CBDA 50—2021
51	住宅装饰装修工程施工技术规程	2021.03.18	中装协〔2021〕25 号	T/CBDA 51—2021

2.1.5　《环氧磨石地坪装饰装修技术规程》T/CBDA 1—2016（案例）

1. 编制特点

本标准是在国家鼓励培育和发展团体标准后，较早响应号召，按照市场需求编制的团体标准，也是建筑装饰行业首部团体标准。

该标准是中国建筑装饰行业协会自展开团标编制工作后的第一部标准，由建筑装饰行业领域内的领军企业牵头，会同行业众多相关单位共同编制而成。

2. 填补行业标准空白

由于环氧磨石技术和工程化经验在国内起步较晚，在本标准发布前尚未有专门的标准支撑。该团体标准的出台填补了我国建筑装饰行业环氧磨石地坪装饰装修标准的空白，是行业发展进入成熟阶段的标志之一，对规范环氧磨石地坪的装修工程具有重要意义。

3. 立项背景

本标准由中国建筑装饰协会发布，自 2016 年 11 月 30 日起实施。标准根据中国建筑装饰协会 2014 年 6 月 24 日发布的《关于首批中装协标准立项的批复》的要求，按照住房和城乡建设部《关于深化工程建设标准化工作改革的意见》（建标〔2016〕166 号）要求，由苏州金螳螂建筑装饰股份有限公司主编并会同有关单位共同编制。

参与标准编制的是在环氧磨石地坪装饰装修领域具有代表性的企业，编写人员均为在材料、施工等方面有着丰富经验的专业人员。

4. 标准主要内容

为了贯彻国家新时期"适用、经济、绿色、美观"的建筑方针，满足环氧磨石地坪装饰装修细分市场、技术创新等方面的需求，提高环氧磨石地坪装饰装修设计、施工水平，保证环氧磨石地坪装饰装修工程质量，特制定本标准。本标准适用于新建、扩建、改建和既有建筑工程中室内环氧磨石地坪装饰装修设计、施工及验收。环氧磨石地坪装饰装修工程的承包合同、设计文件及其他技术文件对工程质量验收的要求不得低于本标准规定环氧磨石地坪装饰装修的设计、施工及验收要求。

2.1.6　《建筑装饰装修机电末端综合布置技术规程》T/CBDA 27—2019

在本规程编制过程中，编委会进行了广泛深入的调查研究，认真总结实践经验，吸收国内外相关标准和先进技术经验，并在广泛征求意见的基础上，通过反复讨论、修改与完善，经审查专家委员会审查定稿。

根据科学技术部西南信息中心对本规程出具的国内外科技查新报告和 2019 年 1 月 7 日送审稿审查会纪要给予本规程的评价，本规程系世界首创，填补了我国建筑装饰行业标准的空白，达到了国际领先水平。

本规程的主要技术内容包括：总则、术语、基本规定、吊顶工程、墙面工程、地面工程、细部工程等。

1. 基本规定

（1）机电末端综合布置安全应符合国家现行有关标准规定，并满足功能要求。

（2）机电末端综合布置宜在材质、颜色、规格、样式、比例及安装位置、距离、角度、排布形式等方面与装饰效果的风格、色彩、比例、材质、完整性等相协调。

（3）在建筑装饰装修工程设计阶段，应根据各专业末端布置图进行综合设计，合理安排机电末端的位置，绘制机电末端综合布置图，并经相关专业人员确认。

（4）机电末端的综合布置应符合下列规定：

1）应以装饰方案图为基础，综合调整机电末端位置；

2）布置宜点位整齐、间距均匀；

3）悬挂式机电末端平面及竖向位置不得与嵌入式机电末端布置相冲突；

4）机电末端不应布置在变形缝、检修口盖板上；

5）当机电末端在同一区域设置时，机电末端尺寸与板块的模数宜协调。

（5）机电末端综合布置宜采用 BIM 技术确定机电末端的位置关系。

（6）应依据下列内容出具机电末端综合布置图：

1）现场测量放线数据；

2）相关专业标准、规范；

3）各专业设计文件；

4）图纸会审记录。

（7）应依据机电末端综合布置图现场定位，按图施工。

（8）机电末端安装应符合下列规定：

1）应对其他设备及装饰装修面层进行成品保护；

2）不应破坏装饰装修面层的受力构件，应满足受力构件的承载力要求；

3）应安装牢固，与装饰装修面层的交接应吻合、严密。

（9）机电末端布置应满足方便维修更换的使用要求。

（10）宜采用集成式机电末端。

2. 吊顶工程

（1）一般规定

1）机电末端综合布置时宜避开龙骨。

2）应根据布置的需要调整各系统机电末端对应的管路。

（2）功能要求

1）通风与空调系统末端（略）；

2）建筑给排水系统末端（略）；

3）建筑电气及智能化系统末端（略）。

（3）综合布置

1）板块面层吊顶机电末端宜布置在板块中间。

2）当机电末端的投影尺寸大于板块面积时，板块的外轮廓线宜对称协调。

3）当机电末端的重量大于 3kg 或机电末端有震动时，应独立设置吊架。

4）不同机电末端的布置应按机电末端设计图形综合布置，排布宜间隙均匀、整齐、协调。

5）格栅吊顶的机电末端点位宜保持格栅的完整性，与格栅之间的距离相协调、均匀。

3. 墙面工程（略）

4. 地面工程（略）

5. 细部工程

（1）一般规定

1）散热器罩、门窗套、装饰线条、花饰、检修口等饰面上不宜设置机电末端。

2）机电末端布置与细部工程发生冲突时，机电末端的调整应与吊顶工程、墙面工程、地面工程综合协调。

（2）综合布置

1）水表、阀设置在细部工程时，应预留检查口。

2）电气机电末端的布置应满足下列要求：

a. 储柜内外机电末端应采取防触电、防溅、防过热等安全防护措施；

b. 机电末端安装位置应满足储柜使用状态的操作、检修、更换需求；

c. 机电末端在储柜上的安装宜结合柜体厚度、预留管线、装修完成面和关联设施安装使用状态进行定位；

d. 设置电动窗帘时应预留电源，电源及窗帘杆电机宜隐蔽安装，并应采取安全防护措施，外露末端的规格和安装位置应与周围装饰协调；

e. 储柜、护栏、扶手、装饰线条、花饰、门窗套内暗藏灯光时，预留线路位置应与细部造型协调，不宜出现管线、灯具外露，并应采取防触电、防溅、防过热等安全防护措施。

3）通风空调机电末端的布置应满足下列要求：

a. 送、回风口的布置应避免储柜、窗帘盒、内遮阳的位置对气流、温度均匀分布的影响；

b. 暖风机的安装不宜遮挡装饰线条、花饰、门窗套；

c. 机械加压送风口不应设置在被门遮挡的部位；

d. 设置排风口的储柜应预留管道安装口。

4）供暖机电末端的布置应满足下列要求：

a. 储柜布置不应遮挡散热器；

b. 门斗内不得设置散热器；

c. 自动放气阀的下方不应设置储柜；

d. 散热器不应布置在湿区，应与淋浴器隔离设置；

e. 布置全面供暖的热水吊顶辐射板装置时，吊顶装饰线条应预留辐射板沿长度方向的热膨胀余地。

5）住宅内燃气表安装在橱柜时，应符合下列规定：

a. 高位安装燃气表时，表底距地面不宜小于1.4m；

b. 当燃气表装在燃气灶具上方时，燃气表与燃气灶的水平净距离不得小于0.3m；

c. 低位安装时，表底距地面不得小于0.1m。

6）家用燃气灶安装在橱柜台面上，应符合下列规定：

a. 燃气灶与墙面的净距离不应小于0.1m；

b. 当墙面为可燃或难燃材料时，应加防火隔热板；

c. 燃气灶的灶面边缘和烤箱的侧壁距木质家具的净距离不应小于0.2m，当达不到时，应加防火隔热板；

d. 燃气灶具的灶台高度不宜大于0.8m；

e. 与侧面墙的净距离不应小于0.15m；

f. 嵌入式燃气灶具与灶台连接处应做好防水密封，灶台下面的橱柜应根据气源性质在适当的位置开总面积不小于8000mm^{2}的与大气相通的通气孔；

g. 电源插座应安装在冷热水不易飞溅到的位置。

第2节　有关创建建筑装饰装修优质工程的要求

2.2.1　建筑装饰装修优质工程的性质

（1）项目的合法性；

（2）项目的安全性；

（3）项目的先进性；

（4）项目的可追溯性；

（5）项目的创新性。

2.2.2　项目的合法性

合法企业按照规定的招标程序、施工程序、竣工验收程序建设的具有相应规模的工程，才有"资格"申报相应级别的优质工程。

必要文件是受检项目合法性证明的文件，共七大类。

（1）企业资质资料；

（2）施工许可证；

（3）施工合同、结算资料；

（4）项目经理相关资料；

（5）工程竣工验收资料；

（6）消防验收资料；

（7）室内环境质量检测验收报告。

2.2.3　项目的安全性

一个存在安全隐患的工程项目，不能成为精品工程。在复查工程中发现安全隐患，应予以指出，提出整改方法，要求申报单位及时整改，并做好记录。

对于项目的安全问题，可采取现场实体检查和资料检查相结合的方法。

装饰工程中可能存在下列安全隐患问题，需特别关注：

（1）关于室内干挂石材墙、柱面的安全问题；

（2）关于共享空间、中庭的栏杆、栏板，临空落地窗及楼梯防护的安全问题；

（3）关于大型吊灯安装的安全问题；

（4）关于安全玻璃使用的安全问题；

（5）关于隐藏式消火栓箱的安全问题；

（6）关于变形缝设置的安全问题；

（7）关于开关、插座安装的安全问题；

（8）关于吊顶内电气管线的安全问题；

（9）关于盥洗间台下盆安装的安全问题；

（10）关于改动建筑主体、承重结构、增加结构荷载的安全问题。

1. 关于室内干挂石材墙、柱面的安全问题

存在主要问题：

（1）申报项目中有超高度干挂石材墙、石材吊顶、梁下部干挂石材、门套上部平挂石材等部位，受检单位未能提供可靠的安装节点图、计算书、隐蔽工程验收记录等资料。

（2）吊顶、梁下部、门套上部平挂石材具有一定的重量，在悬挂时按照普通墙面干挂工艺施工，未采取加固措施。

2. 关于共享空间、中庭的栏杆、栏板，临空落地窗及楼梯防护的安全问题

（1）阳台栏杆设计应防儿童攀登，放置花盆处必须采取防坠落措施。住宅、托儿所、幼儿园、中小学及少年儿童专用活动场所的栏杆，必须采取防止少年儿童攀登的构造，当采用垂直杆件做栏杆（包括此类活动场所的楼梯井净宽＞0.20m 时的楼梯栏杆）时，其杆件间净距应≤0.11m；文化娱乐、商业服务、体育、园林景观建筑等允许少年儿童进入活动的场所，当采用垂直杆件做栏杆时，其杆件净距应≤0.11m。

（2）临空高度＜24.0m 时，栏杆高度应≥1.05m；临空高度≥24.0m（包括中高层住宅）时，栏杆高度应≥1.10m；封闭阳台栏杆也应满足阳台栏杆净高要求；中高层、高层及寒冷、严寒地区住宅的阳台宜采用实体栏板。

（3）临空的窗台的高度（由楼、地面算起）≤0.80m（住宅为 0.90m）时，应采取防护措施。窗外有阳台或平台时可不受此限制。低窗台、凸窗等下部有能上人站立的宽窗台时，贴窗护栏或固定窗的防护高度应从窗台面起计算，保证净高 0.80m（住宅为 0.90m）。

（4）阳台、外廊、室内回廊、内天井、上人屋面及室外楼梯等临空处应设置防护栏杆，并应符合下列规定：

1）栏杆应以坚固、耐久的材料制作，并能承受规定的水平荷载；

2）栏杆高度应从楼、地面或屋面至栏杆扶手顶面的垂直高度计算，如底部有可踏部位（宽度≥0.22m，且高度≤0.45m），应从可踏部位的顶面起计算。

（5）楼梯扶手的高度应≥0.90m（自踏步前缘线量起），顶层水平栏杆及水平段长度≥0.50m 时，其高度应≥1.05m。

（6）人流密集的场所的台阶高度≥0.70m 且侧面临空时，应有防护设施。

（7）栏杆离楼（屋）面 10cm 高度内不宜留空，栏板侧边离墙（柱）边的空隙不能＞11cm。

常见问题及解决方法：

（1）出现可踏面，造成栏杆高度不足。

（2）原有建筑物的玻璃幕墙、外落地窗未设置栏杆或栏板。装饰改造工程中，必须按照新规范的要求安装栏杆或栏板；原有栏杆或栏板高度不能达到强制性条文所要求的，必须要增加高度。

（3）家庭装饰工程中，如业主坚持拆除原房间内落地窗、凸窗设置的栏杆或栏板的，应同其办好相应手续。

（4）剧场楼座前排栏杆不足1.05m。根据《剧场建筑设计规范》JGJ 57—2016 第5.3.8条 楼座前排栏杆和楼层包厢栏杆高度不应遮挡视线，高度不应大于0.85m，并应采取措施保证人身安全，下部实体部分不得低于0.45m。

3. 关于大型吊灯安装的安全问题

关注荷载试验和相关隐蔽资料。

《建筑电气照明装置施工与验收规范》GB 50617—2010（节选）：

3.0.6 在砌体和混凝土结构上严禁使用木楔、尼龙塞或塑料塞安装固定电气照明装置。

4.1.15 质量大于10kg的灯具其固定装置应按5倍灯具重量的恒定均布载荷全数做强度试验，历时15min，固定装置的部件应无明显变形。

常见问题：

（1）工程实施中，很多情况下业主在采购灯具时将大型灯具委托灯具供应商安装，受检单位提供不出可靠资料。

遇此情况，可做下列工作：

1）若吊钩为受检单位设置，须向业主索取灯具的书面信息（包括灯具的重量等数据），严格按照规范要求设置吊钩；

2）若吊钩非受检单位设置，须向业主提供灯具安装的有关规范，要求其以此对安装单位进行监管；

3）配合业主、监理单位对灯具安装单位的施工过程进行监控，发现问题应及时向业主提出，以便业主及时纠正安装单位的错误；

4）配合业主、监理单位对安装单位进行隐蔽工程验收；

5）要求业主提供灯具安装的最终资料（复印件），作为备忘文件在受检单位存档。

（2）未进行或不知如何进行吊钩的过载实验。

4. 关于安全玻璃使用的相关问题

（1）玻璃栏板可用于室外，也可用于室内，玻璃栏板可采用点式安装方式，也可采用框式安装方式。

（2）玻璃栏板分为承受水平荷载玻璃栏板和不承受水平荷载玻璃栏板。

（3）水平荷载是指人体的背靠、俯靠和手的推、拉等产生的，施加在扶手上的水平荷载力。承受水平荷载的玻璃栏板，有栏板但无立柱，水平荷载通过玻璃栏板传到主体结构上。

《建筑玻璃应用技术规程》JGJ 113—2015（节选）：

7.2.5 室内栏板用玻璃应符合下列规定：

1 设有立柱和扶手，栏板玻璃作为镶嵌面板安装在护栏系统中时，栏板玻璃应使用符合表2-2的规定的夹层玻璃；

安全玻璃最大许用面积　　　　　　　　　　　　表 2-2

玻璃总类	公称厚度(mm)	最大许用面积(m²)
钢化玻璃	4	2.0
	5	2.0
	6	3.0
	8	4.0
	10	5.0
	12	6.0
夹层玻璃	6.38、6.76、7.52	3.0
	8.38、8.76、9.52	5.0
	10.38、10.76、11.52	7.0
	12.38、12.76、13.52	8.0

2　栏板玻璃固定在结构上且直接承受人体荷载的护栏系统，其栏板玻璃应符合下列规定：

1）当栏板玻璃最低点离一侧楼地面高度不大于 5m 时，应使用公称厚度不小于 16.76mm 的钢化夹层玻璃。

2）当栏板玻璃最低点离一侧楼地面高度大于 5m 时，不得采用此类护栏系统。

7.2.6　室外栏板玻璃应进行玻璃抗风压设计，对有抗震设计要求的地区，应考虑地震作用的组合效应，且应符合本规程第 7.2.5 条的规定。

常见问题及解决方法：

（1）顶面设计成玻璃镜吊顶。由于国内玻璃镜目前很难达到安全玻璃要求，应尽量避免采用玻璃镜做吊顶，可用镜面不锈钢代替。

（2）栏板玻璃最低点离一侧楼地面高度≤5m，未使用公称厚度≥16.76mm 钢化夹层玻璃的，应更换玻璃。

（3）栏板玻璃最低点离一侧楼地面高度>5m，可采用此类护栏系统。

5. 关于隐藏式消火栓箱的安全问题

详见本教材第四章（消火栓箱门开启角度）。

常见问题及解决方法：

（1）干挂墙面板与原建筑墙面之间空隙未封闭，若发生火灾将形成烟道，助燃。须整改，封闭。

（2）消火栓门开启方向错误。开启方向应便于接驳栓头及水带取用，门轴应位于挂栓头位置的反侧。

（3）消火栓门无开启方式。增加揿压式拉手。

（4）消火栓门开启角度不足。

《建筑内部装修设计防火规范》（GB 50222—2017）4.0.2 中规定："建筑内部消火栓箱门不应被装饰物遮掩，消火栓箱门四周的装修材料颜色应与消火栓箱门的颜色有明显区别或在消火栓箱门表面设置发光标志。"

目前装饰装修项目中常用的石材、木饰面、软硬包、玻璃、金属板等消火栓门饰面是违反上述规范要求的。因此，不提倡对消火栓箱门进行"美化"处理。

6. 关于变形缝设置的安全问题

应重点关注变形缝处饰面层及其各构造层的断开问题。

（1）装饰饰面施工在变形缝（抗震缝、伸缩缝、沉降缝）部位的处理应满足变形功能和饰面的完整。

（2）在变形缝处，饰面层及其各构造层应断开，并应与结构变形缝的位置贯通一致。

7. 关于开关、插座安装的安全问题

应重点关注在木饰面、软包、硬包墙面的开关、插座的安装问题。

《建筑电气照明装置施工与验收规范》GB 50617—2010（节选）：

5.1.2　插座的接线应符合下列规定：

1　单相两孔插座，面对插座，右孔或上孔应与相线连接，左孔或下孔应与中性线连接；单相三孔插座，面对插座，右孔应与相线连接，左孔应与中性线连接；

2　单相三孔、三相四孔及三相五孔插座的保护接地线（PE）必须接在上孔。插座的保护接地端子不应与中性线端子连接。同一场所的三相插座，接线的相序应一致；

3　保护接地线（PE）在插座间不得串联连接；

4　相线与中性线不得利用插座本体的接线端子转接供电。

5.1.3　插座的安装应符合下列规定：

1　当住宅、幼儿园及小学等儿童活动场所电源插座底边距地面高度低于1.8m时，必须选用安全型插座；

2　当设计无要求时，插座底边距地面高度不宜小于0.3m；无障碍场所插座底边距地面高度宜为0.4m，其中厨房、卫生间插座底边距地面高度宜为0.7～0.8m；老年人专用的生活场所插座底边距地面高度宜为0.7～0.8m；

3　暗装的插座面板紧贴墙面或装饰面，四周无缝隙，安装牢固，表面光滑整洁、无碎裂、划伤，装饰帽（板）齐全；接线盒应安装到位，接线盒内干净整洁，无锈蚀。暗装在装饰面上的插座，电线不得裸露在装饰层内；

4　地面插座应紧贴地面，盖板固定牢固，密封良好。地面插座应用配套接线盒。插座接线盒内应干净整洁，无锈蚀；

5　同一室内相同标高的插座高度差不宜大于5mm；并列安装相同型号的插座高度差不宜大于1mm；

6　应急电源插座应有标识；

7　当设计无要求时，有触电危险的家用电器和频繁插拔的电源插座，宜选用能断开电源的带开关的插座，开关断开相线；插座回路应设置剩余电流动作保护装置；每一回路插座数量不宜超过10个；用于计算机电源的插座数量不宜超过5个（组），并应采用A型剩余电流动作保护装置；潮湿场所应采用防溅型插座，安装高度不应低于1.5m。

《建筑设计防火规范（2018年版）》GB 50016—2014（节选）：

第10.2.4条　开关、插座和照明灯具靠近可燃物时，应采取隔热、散热等防火措施。

常见问题及解决方法：

安装在木饰面、软包、硬包墙面上的开关、插座，除按要求准确接线外，应特别注意：在饰面板内应增加一个暗盒，防止从原建筑墙面预留的暗盒直接引出电线接入开关、插座中；与饰面板相连的暗盒，应加防火垫片；引入新增暗盒中的电线应加装防护套管，电线不得裸露。

8. 关于吊顶内电气管线安装的安全问题

应重点关注在吊顶内电气管线的用材、接线问题。

吊顶内布线时常遇到的问题：

(1) 阻燃型硬质管道不能直接到达接线盒或开关盒中，常需用柔性导管连接；

(2) 施工中违反相关规范：

1) 在阻燃型硬质管道的末端未使用柔性导管，导线直接裸露；

2) 使用的柔性导管长度超过规范要求；

3) 在吊顶内直接用柔性导管布线，未使用阻燃型硬质管道；

4) 柔性管道没有固定在接线盒内，导线裸露，线头暴露，造成安全隐患；

5) 柔性管道破损，开裂。

9. 盥洗间台下盆安装的安全问题

盥洗间台下盆的安装，应在钢架上用垫有木质材料的两根金属构件支撑盆体，不得采用胶粘或螺钉固定盆体的方法，杜绝安全隐患发生。

在安装台下盆时，通常会把面盆与台面在安装前用云石胶粘贴好，再安装，如无有效支撑加固，长时间使用后，可能出现脱落、开胶问题。

10. 关于改动建筑主体、承重结构、增加结构荷载的安全问题

应重点关注此类工程项目的核验手续问题。

《建筑装饰装修工程质量验收规范》GB 50210—2018 第 3.1.4 条"既有建筑装饰装修工程设计涉及主体和承重结构变动时，必须在施工前委托原结构设计单位或者具有相应资质条件的设计单位提出设计方案，或由检测鉴定单位对建筑结构的安全性进行鉴定。"

2.2.4　项目的先进性

1. 关于楼梯、踏步、坡道的设置

(1) 每个梯段的踏步数应≤18 级、≥3 级；室内台阶踏步数应≥2 级，当高差不足 2 级时，应按坡道设置；室内坡道坡度不宜>1：8。

(2) 室外坡道坡度不宜>1：10；供轮椅使用的坡道坡度应≤1：12，困难地段应≤1：8。

(3) 公共建筑室内外台阶踏步的宽度不宜<0.30m，踏步的高度不宜>0.15m，且不宜<0.10m；相邻踏步的宽差、高差应≤10mm；踏步坡度应内高外低，约 0.5%；踏步应立面垂直、棱角通顺，阳角无破损。

(4) 水泥踏步应设置挡水台：以栏杆取中对称抹挡水台，厚度 10mm，宽 80mm；顶层楼梯平台栏杆下也应设挡水台。

(5) 石材（饰面砖）踏步：端部应突出楼梯侧帮 10mm（5mm），端部应磨光。

(6) 楼梯、台阶的踏步板上及坡道上面均应设防滑条（槽）

《托儿所、幼儿园建筑设计规范（2019 年版）》JGJ 39—2016（节选）：

第 4.1.11 条　楼梯、扶手、栏杆和踏步等应符合下列规定：

2　楼梯除设成人扶手外，应在楼梯两侧设幼儿扶手，其高度宜为 0.60m；

3　供幼儿使用的楼梯踏步高度宜为 0.13m，宽度宜为 0.26m；

常见问题及解决方法：

（1）室内台阶只有一级踏步。拆除台阶，改成坡道。

（2）室内、室外楼梯未设防滑条。未设置防滑条的同质材料的楼梯踏步应设置醒目的警示标识。

2. 关于厨房、卫生间、淋浴间的装饰细节

（1）厨房、卫生间铺贴地砖后的地面应低于其他房间 15～20mm，在门洞地面的启口处宜镶贴门槛石过渡；若因某些原因厨房、卫生间地面不能低于，甚至略高于其他房间，则镶贴的门槛石起挡水作用。门槛石应采用花岗岩石材，且与厨房、卫生间地面应选用不同颜色。

（2）门槛石的长度应大于原始门洞的宽度，门槛石的横断面宜为直角梯形或等腰梯形，宽度宜与门套等宽；门槛石应用水泥砂浆镶贴密实，与厨房、卫生间地面相接的一面应增添一条防水性透明玻璃胶；木制门套须安装在门槛石上，木制门套与门槛石应留有 5～8mm 的缝隙，防止厨房、卫生间积水而被门套吸入引起霉变。

（3）厨房、卫生间地砖的排列，应根据地漏位置进行设计：宜将地漏中心放在一块地砖的中心或四块地砖的交叉点；地砖铺贴应按照 2％ 的坡度从厨房、卫生间的四周坡向地漏，置放地漏的一块地砖或四块地砖应裁成放射状，坡度达 5％，形成"斗"型，且地漏算子应略低于地砖面 3～5mm，使地面积水顺畅排净。

（4）淋浴间除按厨房、卫生间地面方法处理地漏泛水问题外，宜在淋浴间地面增铺一层比淋浴间每边少 60～100mm 的毛面花岗岩石材（厚 20～30mm），使洗浴的"脏水"既能从周边的明沟流进地漏，又不至于淹没脚背。

（5）厨房、卫生间的上、下水和天然（煤）气立管的根部做面层前，应做 20～50mm 高的防水台；暖气立管应做套管，高度为 50mm 左右。

（6）公共卫生间的小便器、台盆的去水管与地面的交接处，均应做 20～50mm 高的防水台；同一墙面并列安装的小便器、设置两套及两套以上台盆的排水管与地面的交接处，可做成长条形的防水台，防水台上口面应向外倾斜。

3. 关于木门及小五金件的安装细节

（1）门铰链的承重轴应安装在门框上，框三、扇二不得装反；一字形或十字形木螺钉的凹槽方向宜调整在同一方向。

（2）若采用三副铰链，则中间一副宜安放在上下合页的上 1/4～1/3 处。

（3）同一建筑空间内比一般木门小的其他门（如管道井门、消火栓门等），宜采用比一般门所用的小一号的铰链。

4. 关于楼、地面块料面层的铺贴细节

（1）楼、地面块料面层的铺贴，重点是解决空鼓问题，特别是大理石石材的铺贴。

（2）块料面层铺贴前，须根据现场实际尺寸进行排砖设计。

（3）公共建筑大厅、走廊及各类房间和居住建筑的公共部分、门厅、起居室等地面，应由房中间向四周排砖，周边应对称；居住建筑的居室、厨房、卫生间也可从一边排砖，但均不得出现小于 1/2 的条砖。

（4）地砖与墙砖的尺寸模数相同者，地砖、墙砖的拼缝应贯通；石材、面砖踢脚线的拼缝应与地砖缝贯通；室内相通的房间地砖拼缝必须贯通；房间与走廊之间的地砖缝尽量贯通。

（5）室内走廊地砖一般应对称铺贴，无论是以走廊中心线向两侧排砖，还是中间一块地砖跨走廊中心线排砖，两边都不能出现小于 1/2 的条砖。

（6）房间门口的过渡砖（条石）或门槛应采用整砖（条石），或对称镶贴。

（7）石材或其他块料面层的接缝处不得进行局部二次研磨，若出现地面平整度超过规范标准的现象，应采取整体研磨方式（尤其是采用天然石材的地面）。

常见问题及解决方法：

（1）天然大理石楼、地面空鼓率大。解决方法：

1）推荐采用大理石复合板。其面层是天然大理石，底层是花岗岩或镜面砖，既能解决空鼓问题，又能节约环境资源，降低造价。

2）控制施工工期，铺贴石材的水泥砂浆未到终凝期，不上机打磨。

3）加强现场管理，加强成品保护。

（2）施工前未对每个区域、每个房间地面进行实测，未根据地砖尺寸设计，未绘制排版图，铺贴随意。

（3）地砖与墙砖模数虽相同，但贯缝难度较大，或不能贯缝的地方应用异色石材、地砖等过渡方法解决。小范围（如卫生间）也可采用同质地面材料套边方法"阻止"贯缝。

5. 关于踢脚线的安装细节

（1）石材踢脚线的上口应磨光，出墙厚度控制在 8～10mm，阴、阳角接头应采用 45°割角对缝。

（2）饰面砖踢脚线的做法与石材踢脚线基本相同，上口必须为光面，一般宜采用加工好的成品。

（3）实木踢脚线的背面应抽槽并做防腐处理；基层应整平，踢脚线应紧贴墙面，不得出现波浪状缝隙。

（4）金属踢脚线和实木踢脚线一样，基层应整平，踢脚线应紧贴墙面，出墙应一致，不得出现波浪状缝隙；安装完毕应采取妥善办法加以保护，避免被碰撞出现凹点。

（5）踢脚线施工必须待地面面层完成后进行。

6. 关于实木地板的铺装细节

（1）实木地板面层铺装时，面板与墙之间应留 8～12mm 的缝隙；长条地板的铺装方向宜与门窗垂直；相邻木地板的接缝应错开，木地板错缝应有规律。

（2）木搁栅应垂直于面板，间距应大于一般成人脚长（≤300mm）。

（3）毛地板宜采用变形较小的天然、风干、长条板材，铺设时木材髓心应向上，板间缝隙应≤3mm，与墙之间应留 8～12mm 的空隙，表面应刨平；按照传统做法，毛地板铺设方向宜与木搁栅倾斜 60°左右。整块的细木工板不宜做毛地板。

（4）实木地板的收头、镶边，宜采用同类材料，不宜采用金属条。

7. 关于天棚吊顶的安装细节

（1）天棚吊顶施工前必须根据设计图纸与现场实际尺寸进行校对，对原设计图纸上的灯具、烟感器、喷淋头、风口、检修孔、吸顶式空调等位置进行调整；在满足功能要求的前提下，应做到"对称、平直、均匀、有规律"。

（2）明龙骨吊顶必须根据现场实际尺寸逐个房间、逐个区域进行排版设计。

（3）纸面石膏板吊顶的阴、阳角和应力集中处必须进行特殊处理，防止出现裂缝。

（4）搁栅吊顶的格板必须横平竖直。

（5）叠级吊顶的阴、阳角应挺拔，线、面应平顺、笔直。

（6）造型吊顶上的圆、曲线处理应认真，不得出现不顺滑的现象；装饰线条应加工定制。

（7）玻璃天棚应采用钢化夹胶玻璃，并应有足够的刚度防止天棚下挠、玻璃脱落。

8. 关于天棚吊顶内部的安装细节

检查重点：

（1）吊顶内部防火涂料的涂刷情况；

（2）局部有无裸线现象或者使用PVC管情况；

（3）吊杆超长是否做刚性反支撑；

（4）龙骨设置间距是否符合规范要求；

（5）是否有电气设备和线路混用吊杆；

（6）吊顶内防火分区是否到位；

（7）重型灯具、电扇及其他重型设备严禁安装在吊顶工程的龙骨上。

9. 关于卫生器具的安装细节和注意点

（1）坐（蹲）便器按设计要求位置固定后，应以坐（蹲）便器的中心线为基准，将整砖居中跨中心线、或由中心线向两侧排列；坐（蹲）便器四周的地砖要对称、合理，根部不得出现小于1/2的条砖。

（2）公共卫生间里并列安装若干套蹲便器时，应统筹考虑地砖的排列，首先应强调各个蹲便器的中心线位置，使每个蹲便区位（卫生间隔断之间）里的地砖排列呈居中、对称形态；相邻蹲便器的过渡地砖应尽量采用整砖。

（3）小便器的中心线应对准卫生间墙砖的中心线或两块墙砖的接缝处，对应的感应器、冲水装置、去水管等应处于小便器的正中。

（4）公共卫生间里并列安装两套及两套以上小便器时，其安装高度、间距应一致；并列安装的小便器的中心距离应≥0.70m。

（5）盥洗台上设置两套及两套以上的台盆，其位置应对称或均匀分布，对应的水龙头、去水管等应处于台盆的正中。

（6）卫生间镜子、灯具的位置应与盥洗台对中，镜子两边显现的墙砖应对称。

（7）盥洗台下水管应采用能存水的弯管。

（8）应采用节水型的卫生器具和水嘴。

（9）小便区的墙、地面阴角处宜采用1/4圆弧砖过渡，解决日常清理维护问题。

10. 关于隐藏式消火栓箱门背后的处理

隐藏式消火栓箱门后固定饰面板的钢架直接暴露在外不美观，须用防火材料进行装饰。

11. 关于其他问题的细部处理

（1）采用湿贴法施工的石板材，其背面及四个侧面须进行防碱背涂处理，使用低碱水泥，防止泛（吐）碱。

（2）镜面玻化砖做墙面装饰宜采取干挂方式，或采用专用粘贴剂镶贴。

（3）PVC、橡胶之类的面层施工前，基层处理务必认真，平整度应达标，待基层干透后方能进行面层铺贴；面层与基层粘接应牢固、平整、无气泡，不翘边、不脱胶、不溢胶；接缝严密、焊缝顺直、光滑。

（4）安装压花玻璃时，压花面应朝室外；安装磨砂玻璃时，磨砂面应朝室内；但磨砂玻璃用在厨房间时，磨砂面应朝外。

（5）全玻璃门应采用安全玻璃，并应在玻璃门上设置防冲撞提示标识。

（6）开向公共走道的窗扇，其底面高度应≥2.0m。

（7）推拉门应有防脱轨的措施。

（8）排水立管不得穿越卧室、病房等对卫生、安静有较高要求的房间，并不宜靠近与卧室相邻的内墙。

（9）无外窗的浴室和厕所应设置机械通风换气设施，并设通风道。

12. 关于人性化设计的细节

（1）楼梯、台阶的踏步板上及坡道上面均应设防滑条（槽）。

（2）小便器两侧应设置挡板，挡板不应直接接触地面，以免沾染尿垢难以清理；注意挡板高度和材质（不应采用透明玻璃）。

（3）在公共场所卫生间的蹲便区台阶面层外沿须设置警示条或其他警示标识。

（4）室外景观工程中铺装防腐木条形地板时，地板之间空隙不宜过大，防止女性游客的高跟鞋嵌入，造成意外。

（5）公共场所应设置准确、醒目的引导标识。

2.2.5　项目的可追溯性

检查项目的追溯性主要看项目管理的过程资料，项目管理的过程资料主要有以下几类：

（1）施工组织设计、专项施工方案；

（2）施工日志；

（3）材质证明文件及复试报告；

（4）技术交底资料（卡）；

（5）隐蔽节点及注意事项；

（6）竣工图。

2.2.6　项目的创新性

1. 新技术、新工艺、新材料、新设备的运用

受检单位需要提供被市、省、国家认可的技术成果、管理方法及工法、专利等。

2. 节能、环保的做法

相关做法如：工厂化加工、现场安装，太阳能、地源热泵技术，自然采光，LED 光源，节水型卫生洁具等。

第 3 节　有关建筑装饰装修工程的国家规范、行业标准

2.3.1　《装配式建筑评价标准》GB/T 51129—2017

1. 主要特点

（1）以装配率对装配式建筑的装配化程度进行评价，使评价工作更加明确和易于操作。

（2）本标准拓展了装配率计算指标的范围。例如，评价指标既包含承重结构构件和非

承重构件，又包含装修与设备管线；衡量竖向或水平构件的预制水平时，将用于连接作用的后浇部分混凝土一并计入预制构件体积范畴。

（3）以控制性指标明确了最低准入门槛，以竖向构件、水平构件、围护墙和分隔墙、全装修等指标，分析建筑单体的装配化程度，发挥《装配式建筑评价标准》的正向引导作用。

（4）评价根植于构件层面，通过评价构件的总体预制水平，得到分项分值，形成相应的预制率数值，不拘泥于结构形式。

（5）以装配式建筑最终产品为标的，弱化过程中的实施手段，重在最终产品的装配化程度考量。对装配式建筑的评价以参评项目的得分来衡量综合水平高低，得分结果对应 A级、AA 级、AAA 级装配化等级。

2. 条文说明

本标准编制过程中，编制组针对装配式混凝土建筑、装配式钢结构建筑和装配式木结构建筑开展了广泛的调研与技术交流，总结了近年来的实践经验，参考了国内外相关技术标准，开展了试评价工作，完成了本标准的征求意见稿。

为便于广大设计、施工、科研、学校等单位有关人员在使用本标准时能正确理解和执行条文规定，本标准编制组按章、节、条顺序编制了本标准的条文说明，对条文规定的目的、依据以及执行中需要注意的事项进行了说明。但是，本条文说明不具备与标准正文同等的法律效力，仅供使用者作为理解和把握标准规定的参考。

（1）《中共中央国务院关于进一步加强城市规划建设管理工作的若干意见》《国务院办公厅关于大力发展装配式建筑的指导意见》明确提出发展装配式建筑，装配式建筑进入快速发展阶段。为推进装配式建筑健康发展，亟需构建一套适合我国国情的装配式建筑评价体系，对其实施科学、统一、规范的评价。

按照"立足当前实际，适度面向发展，简化评价操作"原则，本标准主要从建造方式、基本性能、使用功能等方面提出装配式建筑评价方法和指标体系。评价内容和方法结合了目前工程建设整体发展水平，并兼顾了远期发展目标及各地区的自主创新空间。设定的评价指标具有科学性、先进性、系统性、导向性和可操作性。

本标准体现了现阶段装配式建筑发展的重点推进方向：

1）主体结构由预制部品部件运用向结构整体装配转变；

2）装饰装修与主体结构的一体化发展，鼓励装配化装修方式；

3）部品部件的标准化应用和产品集成。

（2）本标准适用于采用装配方式建造的民用建筑评价，包括居住建筑和公共建筑。当前我国的装配式建筑发展以居住建筑为重点，但考虑到公共建筑建设总量较大，标准化程度较高，适宜装配式建造，因此本标准的评价范围涵盖了全部民用建筑。

同时，本标准规定对于一些与民用建筑相似的单层和多层厂房等工业建筑，如精密加工厂房、洁净车间等，当符合本标准的评价原则时，可参照执行。

（3）符合国家法律法规和有关标准是装配式建筑评价的前提条件。本标准主要针对装配式建筑的装配化程度和水平进行评价，涉及质量、安全、防灾等方面内容，还应符合我国现行有关工程建设标准的规定。

2.3.2 《建筑装饰装修工程质量验收标准》GB 50210—2018

1. 前言

根据住房和城乡建设部《关于印发〈2011 年工程建设标准规范制订、修订计划〉的通知》（建标〔2011〕17 号）的要求，中国建筑科学研究院会同有关单位，在《建筑装饰装修工程质量验收规范》GB 50210—2001 的基础上修订本规范。

本规范修订的主要技术内容是：新增了外墙防水工程一章；新增了保温层薄抹灰工程一节；将原饰面板（砖）工程一章分成饰面板工程、饰面砖工程两章，其中饰面砖工程包含外墙饰面砖粘贴工程和内墙饰面砖粘贴工程；将吊顶工程一章分成整体面层吊顶工程、板块面层吊顶工程和格栅吊顶工程；木门窗制作与安装工程删除了木门窗制作相关条文；窗帘盒、窗台板和散热器罩制作与安装工程删除了散热器罩制作与安装相关条文；其他章节也进行了修改。

本规范强制性条文，必须严格执行。

本规范的强制性条文有：

3.1.4　既有建筑装饰装修工程设计涉及主体和承重结构变动时，必须在施工前委托原结构设计单位或者具有相应资质条件的设计单位提出设计方案，或由检测鉴定单位对建筑结构的安全性进行鉴定。

6.1.11　建筑外门窗安装必须牢固。在砌体上安装门窗严禁采用射钉固定。

6.1.12　推拉门窗扇必须牢固，必须安装防脱落装置。

7.1.12　重型设备和有振动荷载的设备严禁安装在吊顶工程的龙骨上。

11.1.12　幕墙与主体结构连接的各种预埋件，其数量、规格、位置和防腐处理必须符合设计要求。

2. 总则

（1）为了统一建筑装饰装修工程的质量验收，保证工程质量，制定本规范。

（2）本规范适用于新建、扩建、改建和既有建筑的装饰装修工程的质量验收。

（3）本标准应与现行国家标准《建筑工程施工质量验收统一标准》GB 50300 配套使用。

（4）建筑装饰装修工程的质量验收除应执行本标准外，尚应符合国家现行有关标准的规定。

3. 基本规定

（1）设计

1）建筑装饰装修工程应进行设计，并应出具完整的施工图设计文件。

2）建筑装饰装修设计应符合城市规划、防火、环保、节能、减排等有关规定。建筑装饰装修耐久性应满足使用要求。

3）承担建筑装饰装修工程设计的单位应对建筑物进行了解和实地勘察，设计深度应满足施工要求。由施工单位完成的深化设计应经建筑装饰装修设计单位确认。

4）既有建筑装饰装修工程设计涉及主体和承重结构变动时，必须在施工前委托原结构设计单位或者具有相应资质条件的设计单位提出设计方案，或由检测鉴定单位对建筑结构的安全性进行鉴定。

5）建筑装饰装修工程的防火、防雷和抗震设计应符合现行国家标准的规定。

6）当墙体或吊顶内的管线可能产生冰冻或结露时，应进行防冻或防结露设计。

（2）材料

1）建筑装饰装修工程所用材料的品种、规格和质量应符合设计要求和国家现行标准的规定。不得使用国家明令淘汰的材料。

2）建筑装饰装修工程所用材料的燃烧性能应符合现行国家标准《建筑内部装修设计防火规范》GB 50222 和《建筑设计防火规范（2018 年版）》GB 50016 的规定。

3）建筑装饰装修工程所用材料应符合国家有关建筑装饰装修材料有害物质限量标准的规定。

4）建筑装饰装修工程采用的材料、构配件应按进场批次进行检验。属于同一工程项目且同期施工的多个单位工程，对同一厂家生产的同批材料、构配件、器具及半成品，可统一划分检验批对品种、规格、外观和尺寸等进行验收，包装应完好，并应有产品合格证书、中文说明书及性能检验报告，进口产品应按规定进行商品检验。

5）进场后需要进行复验的材料种类及项目应符合本标准各章的规定，同一厂家生产的同一品种、同一类型的进场材料应至少抽取一组样品进行复验，当合同另有更高要求时应按合同执行。抽样样本应随机抽取，满足分布均匀、具有代表性的要求，获得认证的产品或来源稳定且连续三批均一次检验合格的产品，进场验收时检验批的容量可扩大一倍，且仅可扩大一次。扩大检验批后的检验中，出现不合格情况时，应按扩大前的检验批容量重新验收，且该产品不得再次扩大检验批容量。

6）当国家规定或合同约定应对材料进行见证检验时，或对材料质量发生争议时，应进行见证检验。

7）建筑装饰装修工程所使用的材料在运输、储存和施工过程中，应采取有效措施防止损坏、变质和污染环境。

8）建筑装饰装修工程所使用的材料应按设计要求进行防火、防腐和防虫处理。

（3）施工

1）施工单位应编制施工组织设计并经过审查批准。施工单位应按有关的施工工艺标准或经审定的施工技术方案施工，并应对施工全过程实行质量控制。

2）承担建筑装饰装修工程施工的人员上岗前应进行培训。

3）建筑装饰装修工程施工中，不得违反设计文件擅自改动建筑主体、承重结构或主要使用功能。

4）未经设计确认和有关部门批准，不得擅自拆改主体结构和水、暖、电、燃气、通信等配套设施。

5）施工单位应采取有效措施控制施工现场的各种粉尘、废气、废弃物、噪声、振动等对周围环境造成的污染和危害。

6）施工单位应建立有关施工安全、劳动保护、防火和防毒等管理制度，并应配备必要的设备、器具和标识。

7）建筑装饰装修工程应在基体或基层的质量验收合格后施工。对既有建筑进行装饰装修前，应对基层进行处理。

8）建筑装饰装修工程施工前应有主要材料的样板或做样板间（件），并应经有关各方确认。

9）墙面采用保温隔热材料的建筑装饰装修工程，所用保温隔热材料的类型、品种、规格及施工工艺应符合设计要求。

10）管道、设备安装及调试应在建筑装饰装修工程施工前完成；当必须同步进行时，应在饰面层施工前完成。装饰装修工程不得影响管道、设备等的使用和维修。涉及燃气管道和电气工程的建筑装饰装修工程施工应符合有关安全管理的规定。

11）建筑装饰装修工程的电气安装应符合设计要求。不得直接埋设电线。

12）隐蔽工程验收应有记录，记录应包含隐蔽部位照片。施工质量的检验批验收应有现场检查原始记录。

13）室内外装饰装修工程施工的环境条件应满足施工工艺的要求。

14）建筑装饰装修工程施工过程中应做好半成品、成品的保护，防止污染和损坏。

15）建筑装饰装修工程验收前应将施工现场清理干净。

（4）建筑装饰装修工程的子分部工程、分项工程划分

根据本标准，建筑装饰装修工程的子分部工程、分项工程应按表 2-3 划分。

建筑装饰装修工程的子分部工程、分项工程划分　　　　　表 2-3

项次	子分部工程	分项工程
1	抹灰工程	一般抹灰，保温层薄抹灰，装饰抹灰，清水砌体勾缝
2	外墙防水工程	外墙砂浆防水，涂膜防水，透气膜防水
3	门窗工程	木门窗安装，金属门窗安装，塑料门窗安装，特种门安装，门窗玻璃安装
4	吊顶工程	整体面层吊顶、板块面层吊顶、格栅吊顶
5	轻质隔墙工程	板材隔墙，骨架隔墙，活动隔墙，玻璃隔墙
6	饰面板工程	石板安装，陶瓷板安装，木板安装，金属板安装，塑料板安装
7	饰面砖工程	外墙饰面砖粘贴，内墙饰面砖粘贴
8	幕墙工程	玻璃幕墙安装，金属幕墙安装，石材幕墙安装，陶板幕墙安装
9	涂饰工程	水性涂料涂饰，溶剂型涂料涂饰，美术涂饰
10	裱糊与软包工程	裱糊，软包
11	细部工程	橱柜制作与安装，窗帘盒和窗台板制作与安装，门窗套制作与安装，护栏和扶手制作与安装，花饰制作与安装
12	建筑地面工程	基层，整体面层，板块面层，竹木面层

4. 对新修订的本规范认识

住房和城乡建设部 2018 年 2 月 8 日批准，新修订的国家标准《建筑装饰装修工程质量验收标准》GB 50210—2018 自 2018 年 9 月 1 日起实施，这对当前我国大力推行的绿色装修、工厂化预制饰面装配施工、住宅工程全装修等都是重大利好，体现出住房和城乡建设部"围绕提高建筑品质和绿色发展水平，针对门窗、防水、装饰装修等重点标准，研究相关措施，精准发力"的精神。

（1）新修订的《建筑装饰装修工程质量验收标准》GB 50210—2018 在抹灰工程、外墙防水工程、门窗工程、吊顶工程、轻质隔墙工程、饰面板工程、饰面砖工程、幕墙工程、涂饰工程、裱糊与软包工程、细部工程中对有可能严重污染室内环境的装饰装修材料

都明确提出了材料有害物质释放量复验要求，与现行国家标准《民用建筑工程室内环境污染控制标准》GB 50325 无缝对接，使绿色建筑落在实处，有效保证了人民工作居住环境的健康安全。

（2）新修订的标准摒弃了过去现场配制水泥砂浆污染环境的落后工艺，删除了工艺落后且不环保的木门窗现场制作相关条文，删除了影响散热、不利于节能的散热器罩制作与安装相关条文，要求所有装饰装修材料均为工厂化产品，要满足产品标准，所有的预制装饰装修材料安装装配施工质量验收都有明确要求，预制装配构件中的抹灰找平、面层涂饰、饰面材料安装等都可以按照标准相应的分项工程验收要求进行控制，为绿色施工、装配式施工保驾护航。

（3）新修订的标准增加了外墙防水工程验收要求，改变了外墙大量渗漏水，严重影响正常使用的局面，填补了空白，为有效解决外墙渗漏水难题创造了条件。保温层薄抹灰不利于养护的构造，加上聚合物砂浆保水率得不到有效监控，导致保水性差的聚合物砂浆免水养护，出现大量抹灰层养护不良、强度差、面层开裂脱层、渗漏水，易造成难以维修不可挽回的损失的情况。新标准增加了保温层薄抹灰工程验收要求，要求对聚合物砂浆保水率进行复验，强化对保温层薄抹灰的重视，解决保温层薄抹灰养护不良难题。

（4）新修订的标准将吊顶工程划分成整体面层吊顶工程、板块面层吊顶工程和格栅吊顶工程，从根本上改变了原规范吊顶按明龙骨吊顶和暗龙骨吊顶的不科学划分。新标准将原饰面板（砖）工程拆分成饰面板工程、饰面砖工程，其中饰面砖工程包含外墙饰面砖粘贴工程和内墙饰面砖粘贴工程。饰面板是工厂化预制生产、装配式安装后免现场饰面施工的绿色环保材料，得到本标准积极引导推广；饰面砖工程细分成的外墙饰面砖粘贴工程和内墙饰面砖粘贴工程分开，有利于有针对性地提出合理的验收要求。通过以上标准内部整合，引领装饰装修行业进一步规范发展，可更好地服务于住宅全装修和带装修的装配式建筑工程质量验收。

5. 《建筑装饰装修工程质量验收标准》GB 50210—2018 全面覆盖建筑绿色、预制装配、全装修工程质量验收，为提高我国建筑装饰装修水平、保证工程质量打下了坚实的基础。

（1）抹灰工程

1）适用范围：一般抹灰、装饰抹灰、清水砌体勾缝、保温层薄抹灰等分项工程的质量验收。

2）抹灰材料复试项目：砂浆的拉伸粘结强度；聚合物砂浆的保水率。

3）检验批划分原则：相同材料、工艺、施工条件；室外：$1000m^2$；室内：50 个自然间（大面积房间合走廊可按抹灰面积每 $30m^2$ 计为一间）。

（2）外墙防水工程（新增章节）

1）适用范围：适用于外墙砂浆防水、涂膜防水、透气膜防水等分项工程的质量验收。

2）材料复试项目：防水砂浆的粘结强度和抗渗性能；防水涂料的低温柔性和不透水性；防水透气膜的不透水性。

3）检验批划分原则：相同材料、工艺、施工条件下每 $1000m^2$ 应划分为一个检验批。

4）需要检查的资料：外墙防水工程的施工图、设计说明及其他设计文件；材料的产品合格证书、性能检验报告、进场验收记录和复验报告；施工方案及安全技术措施文件；雨后或现场淋水检验记录；隐蔽工程验收记录；施工记录；施工单位的资质证书及操作人员的上岗证书。

5）隐蔽内容：外墙不同结构材料交接处的增强处理措施的节点；防水层在变形缝、门窗洞口、穿外墙管道、预埋件及收头等部位的节点；防水层的搭接宽度及附加层。

（3）门窗工程

1）适用范围：适用于木门窗、金属门窗、塑料门窗和特种门安装及门窗玻璃安装等分项工程的质量验收。

2）材料复试项目：人造木板门的甲醛释放量；建筑外窗的气密性能、水密性能和抗风压性能。

（4）吊顶工程

1）适用范围：适用于整体面层吊顶、板块面层吊顶、格栅吊顶等分项工程的质量验收。

2）材料复试项目：人造木板的甲醛释放量。

3）隐蔽内容：反支撑及钢结构转换层。

（5）轻质隔墙

材料复试项目：人造木板的甲醛释放量。

（6）饰面板工程

1）适用范围：适用于内墙饰面板安装工程和高度不大于 24m、抗震设防烈度不大于 8 度的外墙饰面板安装工程的石板安装、陶瓷板安装、木板安装、金属板安装、塑料板安装等分项工程的质量验收。

2）材料复试项目：室内用花岗石板的放射性、室内用人造木板的甲醛释放量；水泥基粘结剂的粘结强度、外墙陶瓷的吸水率、严寒和寒冷地区外墙陶瓷板的抗冻性。

3）需要检查的资料：满粘法施工的外墙石板和外墙陶瓷板粘结强度检验报告。

4）隐蔽内容：预埋件（或后置埋件）；龙骨安装；连接节点；防水、保温、防火节点；外墙金属板防雷连接节点。

（7）饰面砖工程（新增章节）

1）适用范围：适用于内墙饰面砖粘贴和高度不大于 100m、抗震设防烈度不大于 8 度、采用满粘法施工的外墙饰面砖粘贴等分项工程的质量验收。

2）材料复试项目：室内用花岗石和瓷质饰面砖的放射性；水泥基粘结材料与外用饰面砖的拉伸粘结强度；外墙陶瓷饰面砖的吸水率；严寒及寒冷地区外墙陶瓷饰面砖的抗冻性。

3）检验批划分原则：相同材料、工艺和施工条件下，室内每 50 间、室外每 1000m^2（大面积房间和走廊可按饰面板面积每 30m^2 计为 1 间）应划分为一个检验批。

4）抽样数量：室内：至少抽查 10%，并不得少于 3 间；室外：每 100m^2 应至少抽查一处，每处不得小于 10m^2。

5）需要检查的资料：饰面砖工程的施工图、设计说明及其他设计文件；材料的产品合格证书、性能检验报告、进场验收记录和复验报告；外墙饰面砖施工前粘贴样板和外墙饰面砖粘贴工程饰面砖粘结强度检验报告；隐蔽工程验收记录；施工记录。

6）隐蔽内容：基层和基体；防水层。

（8）幕墙工程

1）适用范围：玻璃幕墙、金属幕墙、石材幕墙、人造板幕墙等分项工程的质量验收。玻璃幕墙包括构件式玻璃幕墙、单元式玻璃幕墙、全玻璃幕墙和点支承玻璃幕墙。

2）材料复试项目：铝塑复合板的剥离强度；石材、瓷板、陶板微晶玻璃板、木纤维板、纤维水泥板和石材蜂窝板的抗弯强度；严寒、寒冷地区石材、瓷板、陶板、纤维水泥板和石材蜂窝板的抗冻性；室内用花岗石的放射性；幕墙用结构胶的邵氏硬度、标准条件拉伸强度、相容性试验、剥离粘结性实验、石材用密缝胶的污染性；中空玻璃的密缝性能；防火、保温材料的燃烧性能；铝材、钢材主受力杆件的抗拉强度。

3）检验批划分原则：相同材料、工艺和施工条件下，每 $1000m^2$ 应划分为一个检验批，不足 $1000m^2$ 也应划分为一个检验批。

4）抽样数量：

① 每个检验批每 $100m^2$ 应至少抽查一处，每处不得小于 $10m^2$；

② 对于异形或有特殊要求的幕墙工程应根据幕墙的结构和工艺特点由监理单位（或建设单位）和施工单位协商确定。

5）需要检查的资料：幕墙工程的施工图、结构计算书、热工性能计算书、设计变更文件、设计说明及其他文件；幕墙工程所用硅酮结构胶的抽离合格证明，国家批准的检测机构出具的硅酮结构胶相容性和剥离粘结性检验报告；石材用密封胶的耐污染性检验报告；幕墙与主体结构防雷接地点之间的电阻检测记录；幕墙安装施工记录；张拉杆索体系预拉力张拉记录；现场淋水检测记录。

6）隐蔽内容：预埋件或后置预埋件、锚栓及连接件；幕墙四周、幕墙内表面与主体结构之间的封堵；伸缩缝、沉降缝、防震缝及地面转角节点；隐框玻璃板块的固定；幕墙防雷连接节点；幕墙防火、隔烟节点；单元式幕墙的封口节点。

（9）涂饰工程

1）适用范围：适用于水性涂料涂饰、溶剂型涂料涂饰、美术涂饰等分项工程的质量验收。水性涂料包括乳液型涂料、无机涂料、水溶性涂料等，溶剂型涂料包括丙烯酸酯涂料、聚氨酯丙烯酸涂料、有机硅丙烯酸涂料、交联型氟树脂涂料等，美术涂饰包括套色涂饰、滚花涂饰、仿花纹涂饰等。

2）材料复试项目：有害物质限量。

3）检验批划分原则：相同材料、工艺和施工条件下，室外每 $1000m^2$，室内每 50 间（大面积房间和走廊可按涂饰面积每 $30m^2$ 计为 1 间）应划分为一个检验批。

4）抽样数量：

① 室外涂饰工程每 $100m^2$ 应至少检查一处，每处不得小于 $10m^2$。

② 室内涂饰工程每个检验批应至少抽查 10%，并不得少于 3 间，不足 3 间时应全数检查。

5）需要检查的资料：涂饰工程的施工图、设计说明及其他设计文件；材料的产品合格证、性能检测报告、有害物质限量检验报告和进场验收记录；施工记录。

（10）裱糊与软包工程

1）适用范围：适用于聚氯乙烯塑料壁纸、纸质壁纸、墙布等裱糊工程和织物、皮革、人造革等软包工程的质量验收。软包工程包括不带内衬软包、带内衬软包，不带内衬软包也称为硬包。

2）材料复试项目：木材的含水率及人造木板的甲醛释放量。

3）检验批划分原则：

① 裱糊工程每个检验批应至少抽查 10% 并不得少于 3 间，不足 3 间时应全数检查；

② 软包工程每个检验批应至少抽查 20% 并不得少于 6 间，不足 6 间时应全数检查。

4）抽样数量：裱糊工程：至少抽查 5 间，不足 5 间应全数检查；软包工程：至少抽查 10 间，不足 10 间应全数检查。

5）需要检查的资料：裱糊与软包工程的施工图、设计说明及其他设计文件；饰面材料的样板及确认文件；材料的产品合格证书、性能检验报告、进场验收记录和复验报告；饰面材料及封闭底漆、胶粘剂、涂料的有害物质限量检验报告；隐蔽工程验收记录；施工记录。

6）隐蔽内容：裱糊工程应对基层封闭底漆、腻子、封闭底胶及软包内衬材料进行隐蔽工程验收，裱糊前，基层处理应达到下列规定：新建筑物的混凝土抹灰基层墙面在刮腻子前应涂刷抗碱封闭底漆；粉化的旧墙面应先除去粉化层，并在刮涂腻子前涂刷一层界面处理剂；混凝土或抹灰基层的含水率不得大于 8%，木材基层的含水率不得大于 12%；石膏板基层，接缝及裂缝处应贴加强网布后再刮腻子；基层腻子应平整、坚实、牢固、无粉化、起皮、空鼓、酥松、裂缝和反碱，腻子的粘结强度不得小于 0.3MPa；基层表面平整度、立面垂直度及阴阳角方正达到本标准中高级抹灰的要求；基层表面颜色一致；裱糊前应用封闭底胶涂刷基层。

（11）细部工程

1）适用范围：适用于橱柜制作与安装；门窗套制作与安装；护栏和扶手制作与安装；花饰制作与安装等分项工程的质量验收。

2）检验批合格判定标准：抽查样本均符合本标准主控项目的规定；抽查样本的 80% 以上符合本标准一般项目的规定，其余样本不得有影响使用功能或明显影响装饰效果的缺陷，其中有允许偏差的项目，其最大偏差不得超过本标准规定允许偏差的 1.5 倍。

2.3.3　《建筑内部装修设计防火规范》GB 50222—2017

1. 新增术语

（1）建筑内部装修：为满足功能要求，对建筑内部空间所进行的修饰、保护及固定设备安装等活动。

（2）装饰织物：满足建筑内部功能需求，由棉、麻、丝、毛等天然纤维及其他合成纤维制作的纺织品，如窗帘、帷幕等。

（3）隔断：建筑内部固定的、不到顶的垂直分隔物。

（4）固定家具：与建筑结构固定在一起或不易改变位置的家具。如建筑内部的壁橱、壁柜陈列台、大型货架等。

2. 更新条款

（1）装修材料分级：安装在金属龙骨上燃烧性能达到 B_1 级的纸面石膏板、矿棉吸声板，可作为 A 级装修材料使用；删除了涂覆防火涂料的胶合板可作为 B_1 级材料使用。

（2）住宅建筑装修设计尚应符合下列规定：

1）不应改动住宅内部烟道、风道。

2）厨房内的固定橱柜宜采用不低于 B_1 级的装修材料。

3）卫生间顶棚宜采用 A 级装修材料。

4）阳台装修宜采用不低于 B_1 级的装修材料。

（3）展览性场所装修设计应符合下列规定：

1）展台材料应采用不低于 B_1 级的装修材料。

2）在展厅设置电加热设备的餐饮操作区内，与电加热设备贴邻的墙面、操作台均应采用 A 级装修材料。

3）展台与卤钨灯等高温等照明灯具贴邻部位的材料应采用 A 级装修材料。

4）仓库内部各部位装修材料的燃烧性能等级，不应低于表 2-4 的规定。

仓库内部各部位装修材料的燃烧性能等级   表 2-4

序号	仓库类别	建筑规模	装修材料燃烧性能等级			
			顶棚	墙面	地面	隔断
1	甲、乙类仓库	—	A	A	A	A
2	丙类仓库	单层及多层仓库	A	B_1	B_1	B_1
		高层及地下仓库	A	A	A	A
		高架仓库	A	A	A	A
3	丁、戊类仓库	单层及多层仓库	A	B_1	B_1	B_1
		高层及地下仓库	A	A	A	B_1

（4）民用建筑：

1）单层、多层民用建筑内面积小于 $100m^2$ 的房间，当采用耐火极限不低于 2.00h 的防火隔墙和甲级防火门、窗与其他部位分隔时，其装修材料的燃烧性能等级可在本规范表 5.1.1 的基础上降低一级。（除本规范第 4 章规定的场所和本规范表 5.1.1 中序号为 11~13 规定的部位外）

2）当单层、多层民用建筑做内部装修的空间内装有自动灭火系统时，除顶棚外，其内部装修材料的燃烧性能等级可在本规范表 5.1.1 规定的基础上降低一级；当同时装有火灾自动报警装置和自动灭火系统时，其装修材料的燃烧性能等级可在本规范表 5.1.1 规定的基础上降低一级。（本规范第 4 章规定的场所和本规范表 5.1.1 中序号为 11~13 规定的部位外）

（5）高层民用建筑：

除大于 $400m^2$ 的观众厅、会议厅和 100m 以上的高层民用建筑外，当设有火灾自动报警装置和自动灭火系统时，除顶棚外，其内部装修材料的燃烧性能等级可在本规范表 5.2.1 规定的基础上降低一级。（除本规范第 4 章规定的场所和本规范表 5.2.1 中序号为 10~12 规定的部位外）

（6）厂房仓库：当单层、多层丙、丁、戊类厂房内同时设有火灾自动报警和自动灭火系统时，除顶棚外，其装修材料的燃烧性能等级可在本规范表 6.0.1 规定的基础上降低一级（除本规范第 4 章规定的场所和部位外）。

3. 装修材料的分类和分级

（1）装修材料按其使用部位和功能，可划分为顶棚装修材料、墙面装修材料、地面装修材料、隔断装修材料、固定家具、装饰织物、其他装修装饰材料七类。

注：其他装修装饰材料是指楼梯扶手、挂镜线、踢脚板、窗帘盒、暖气罩等。

（2）装修材料按其燃烧性能应划分为四级，并应符合表 2-5 的规定。

装修材料燃烧性能等级表　　　　　　　　　　　表 2-5

等级	装修材料燃烧性能
A	不燃性
B_1	难燃性
B_2	可燃性
B_3	易燃性

（3）装修材料的燃烧性能等级应按现行国家标准《建筑材料及制品燃烧性能分级》GB 8624 的有关规定，经检测确定。

（4）安装在金属龙骨上燃烧性能达到 B_1 级的纸面石膏板、矿棉吸声板，可作为 A 级装修材料使用。

（5）单位面积质量小于 $300g/m^2$ 的纸质、布质壁纸，当直接粘贴在 A 级基材上时，可作为 B_1 级装修材料使用。

（6）施涂于 A 级基材上的无机装修涂料，可作为 A 级装修材料使用；施涂于 A 级基材上，湿涂覆比小于 $1.5kg/m^2$，且涂层干膜厚度不大于 1.0mm 的有机装修涂料，可作为 B_1 级装修材料使用。

（7）当使用多层装修材料时，各层装修材料的燃烧性能等级均应符合本规范的规定。复合型装修材料的燃烧性能等级应进行整体检测确定。

4. 强制性条文

（1）建筑内部装修不应擅自减少、改动、拆除、遮挡消防设施、疏散指示标志、安全出口、疏散出口、疏散走道和防火分区、防烟分区等。

（2）建筑内部消火栓箱门不应被装饰物遮掩，消火栓箱门四周的装修材料颜色应与消火栓箱门的颜色有明显区别或在消火栓箱门表面设置发光标志。

（3）疏散走道和安全出口的顶、墙面不应采用影响人员安全疏散的镜面反光材料。

（4）地上建筑的水平疏散走的门厅，其顶棚应采用 A 级装修材料，其他部位梁应用不低于 B_1 级的装修材料；地下民用建筑的疏散走道和安全出口的门厅，其顶棚、墙面和地面均应采用 A 级装修材料。

（5）疏散楼梯间和前室的墙面和地面均应采用 A 级装修材料。

（6）建筑物内设有上下层相连通的中庭、走马廊、开敞楼梯、自动扶梯时，其连通部位的顶棚、墙面应采用 A 级装修材料，其他部位应采用不低于 B_1 级的装修材料。

（7）无窗房间内部装修材料的燃烧性能等级除 A 级外，应在表 2-3、表 2-4、表 2-5、表 2-6、表 2-7 规定的基础上提高一级。

（8）单层、多层民用建筑内部各部位装修材料的燃烧性能等级，不应低于表 2-6 的规定。

单层、多层民用建筑内部各部位装修材料的燃烧性能等级　　　　表 2-6

序号	建筑物及场所	建筑规模、性质		装饰材料燃烧性能等级							
				顶棚	墙面	地面	隔断	固定家具	装饰织物		其他装饰装修材料
									窗帘	帷幕	
1	候机楼的候机大厅、贵宾候机室、售票厅、商店、餐饮场所等	—		A	A	B_1	B_1	B_1	B_1	—	B_1
2	汽车站、火车站、轮船客运站的候船室、商店、餐饮场所等	建筑面积>10000m²		A	A	B_1	B_1	B_1	B_1	—	B_2
		建筑面积≤10000m²		A	B_1	B_1	B_1	B_1	B_1	—	B_2
3	观众厅、会议厅、多功能厅、等候厅等	每个厅的建筑面积	>400m²	A	A	B_1	B_1	B_1	B_1	B_1	B_1
			≤400m²	A	B_1	B_1	B_1	B_2	B_1	B_1	B_2
4	体育馆	>3000 座位		A	A	B_1	B_1	B_1	B_1	B_1	B_2
		≤3000 座位		A	B_1	B_1	B_2	B_2	B_2	B_2	B_2
5	商店的营业厅	每层建筑面积≤1500m² 或总建筑面积≤3000m²		A	B_1	B_1	B_1	B_1	B_1	—	B_1
				A	B_1	B_1	B_1	B_2	B_2	—	—
6	宾馆、饭店的客房及公共活动用房等	设置送回风道(管)的集中空气调节系统		A	A	B_1	B_1	B_2	B_2	—	B_2
		其他		B_1	B_1	B_2	B_2	B_2	B_2	—	—
7	养老院、托儿所、幼儿园的居住及活动场所	—		A	A	B_1	B_1	B_2	B_1	—	B_2
8	医院的病房区、诊疗区、手术区	—		A	A	B_1	B_1	B_2	B_1	—	B_2
9	教学场所、教学实验场所	—		A	B_1	B_2	B_2	B_2	B_2	B_2	B_2
10	纪念馆、展览馆、博物馆、图书馆、档案馆、资料馆等公众活动场所	—		A	B_1	B_1	B_2	B_2	B_1	—	B_2
11	存放文物、纪念展览物品、重要图书、档案、资料的场所	—		A	A	B_1	B_1	B_2	B_1	—	B_2
12	歌舞娱乐游艺场所	—		A	B_1	B_1	B_1	B_1	B_1	B_1	B_1
13	A、B级电子信息系统机房及装有重要机器、仪器的房间	—		A	A	B_1	B_1	B_1	B_1	B_1	B_1

序号	建筑物及场所	建筑规模、性质	装饰材料燃烧性能等级							其他装饰装修材料
			顶棚	墙面	地面	隔断	固定家具	装饰织物		
								窗帘	帷幕	
14	餐饮场所	营业面积>100m²	A	B₁	B₁	B₁	B₂	B₁	—	B₂
		营业面积≤100m²	B₁	B₁	B₁	B₂	B₂	B₂	—	B₂
15	办公场所	设置送回风道(管)的集中空气调节系统	A	B₁	B₁	B₁	B₂	B₂	—	B₂
		其他	B₁	B₁	B₂	B₂	B₂	—	—	B₂
16	其他公共场所	—	B₁	B₁	B₂	B₂	B₂	—	—	B₂
17	住宅	—	B₁	B₁	B₁	B₁	B₂	B₂	—	B₂

备注：1. 除本规范第 4 章规定的场所和表 2-3 中序号为 11～13 规定的部位外，单层、多层民用建筑内面积小于 100m² 的房间，当采用耐火极限不低于 2.00h 的防火隔墙和甲级防火门、窗与其他部位分割时，其装修材料的燃烧性能等级可在本规范表 2-3 的基础上降低一级。

2. 除本规范第 4 章规定的场所和表 2-3 中序号为 11～13 规定的部位外，当单层、多层民用建筑需做内部装修的空间内装有自动灭火系统外，除顶棚外，其内部装修材料的燃烧性能等级可在表 2-3 规定的基础上降低一级，当同时装有火灾自动报警装置和自动灭火系统时，其装修材料的燃烧性能等级可在表 2-3 规定的基础上降低一级。

(9) 高层民用建筑内部各部位装修材料的燃烧性能等级，不应低于表 2-7 的规定。

高层民用建筑内部各部位装修材料的燃烧性能等级　　　　表 2-7

序号	建筑物及场所	建筑规模、性质	装饰材料燃烧性能等级									其他装修装饰材料
			顶棚	墙面	地面	隔断	固定家具	装饰织物				
								窗帘	帷幕	床罩	家具包布	
1	候机楼的候机大厅、贵宾候机室、售票厅、商店、餐饮场所等	—	A	A	B₁	B₁	B₁	B₁	—	—	—	B₁
2	汽车站、火车站、轮船客运站的候车(船)室、商店、餐饮场所等	>10000m²	A	A	B₁	B₁	B₁	B₁	—	—	—	B₂
		≤10000m²	A	B₁	B₁	B₁	B₁	B₁	—	—	—	B₂
3	观众厅、会议厅、多功能厅、等候厅等	每个厅的建筑面积>400m²	A	A	B₁	B₁	B₁	B₁	B₁	—	B₁	B₁
		每个厅的建筑面积≤400m²	A	B₁	B₁	B₁	B₁	B₁	B₁	—	B₁	B₁
4	商店的营业厅	每层建筑面积>1500m² 或总建筑面积>3000m²	A	B₁	B₁	B₁	B₁	B₁	—	B₁	B₂	B₁
		每层建筑面积≤1500m² 或总建筑面积≤3000m²	A	B₁	B₁	B₁	B₁	B₁	—	—	B₂	B₂

续表

序号	建筑物及场所	建筑规模、性质	装饰材料燃烧性能等级									
			顶棚	墙面	地面	隔断	固定家具	装饰织物				其他装修装饰材料
								窗帘	帷幕	床罩	家具包布	
5	宾馆、饭店的客房及公共活动用房等	一类建筑	A	B_1	B_1	B_1	B_2	B_1	—	B_1	B_2	B_1
		二类建筑	A	B_1	B_1	B_1	B_2	B_2	—	B_2	B_2	B_2
6	养老院、托儿所、幼儿园居住及活动场所	—	A	A	B_1	B_1	B_2	B_1	—	B_2	B_2	B_1
7	医院的病房区、诊疗区、手术区	—	A	A	B_1	B_1	B_2	B_1	B_1	—	B_2	B_1
8	教学场所、教学实验场所	—	A	B_1	B_2	B_2	B_2	B_1	B_1	—	B_2	B_2
9	纪念馆、展览馆、博物馆、图书馆、档案馆、资料馆等公众活动场所	一类建筑	A	B_1	B_1	B_2	B_2	B_1	B_1	—	B_1	B_1
		二类建筑	A	B_1	B_2	B_2	B_2	B_2	B_2	—	B_2	B_2
10	存放文物、纪念展览物品、重要图书、档案、资料的场所	—	A	A	B_1	B_1	B_2	B_1	—	—	B_1	B_2
11	歌舞娱乐游艺场所	—	A	B_1	B_1	B_1	B_1	B_1	B_1	B_1	B_1	B_1
12	A、B 级电子信息系统机房及装有重要机器、仪器的房间	—	A	A	B_1	B_1	B_1	B_1	B_1	—	B_1	B_1
13	餐饮场所	—	A	B_1	B_1	B_1	B_2	B_1	—	—	B_1	B_2
14	办公场所	一类建筑	A	B_1	B_1	B_2	B_2	B_1	B_1	—	B_1	B_1
		二类建筑	A	B_1	B_2	B_2	B_2	B_2	—	—	B_2	B_2
15	电信楼、财贸金融楼、邮政楼、广播电视楼、电力调度楼、防灾指挥调度楼	一类建筑	A	A	B_1	B_1	B_1	B_1	B_1	—	B_1	B_1
		二类建筑	A	B_1	B_2	B_2	B_2	B_1	B_2	—	B_2	B_2
16	其他公共场所	—	A	B_1	B_1	B_1	B_2	B_2	B_2	B_2	B_2	B_2
17	住宅	—	A	B_1	B_1	B_1	B_1	B_1	—	B_1	B_1	B_1

备注：1. 除本规范第4章规定的场所和表 2-4 中序号为 10～12 规定的部位外，高层民用建筑的裙房内面积小于 500m² 的房间，当设有自动灭火系统，并且采用耐火极限不低于 2.00h 的防火隔墙和甲级防火门、窗与其他部位分隔时，顶棚、墙面、地面装修材料的燃烧性能等级可在表 2-4 规定的基础上降低一级。

2. 除本规范第4章规定的场所和表 2-4 中序号为 10～12 规定的部位外，以及大于 400m² 的观众厅、会议厅和 100m 以上的高层民用建筑外，当设有火灾自动报警装置和自动灭火系统时，除顶棚外其内部装修材料的燃烧性能等级可在表 2-4 规定的基础上降低一级。

3. 电视塔等特殊高层建筑的内部装修，装饰织物应采用不低于 B_1 级的材料，其他均应采用 A 级装修材料。

（10）地下民用建筑内部各部位装修材料的燃烧性能等级，不应低于表 2-8 的规定。

地下民用建筑内部各种位置装修材料的燃烧性能等级　　表 2-8

序号	建筑物及场所	装修材料燃烧性能等级						
		顶棚	墙面	地面	隔断	固定家具	装饰织物	其他装修装饰材料
1	观众厅、会议厅、多功能厅、等候厅、商场的营业厅等	A	A	A	B_1	B_1	B_1	B_2
2	宾馆、饭店的客房及公共活动用房等	A	B_1	B_1	B_1	B_1	B_1	B_2
3	医院的诊疗区、手术区	A	A	B_1	B_1	B_1	B_1	B_2
4	教学场所、教学实验场所	A	A	B_1	B_2	B_2	B_1	B_2
5	纪念馆、展览馆、博物馆、图书馆、档案馆、资料馆等的公众活动场所	A	A	B_1	B_1	B_1	B_1	B_1
6	存放文物、纪念展览物品、重要图书、档案、资料的场所	A	A	A	A	A	B_1	B_1
7	歌舞娱乐游艺场所	A	A	B_1	B_1	B_1	B_1	B_1
8	A、B 级电子信息系统机房及装有重要机器、仪器的房间	A	A	B_1	B_1	B_1	B_1	B_1
9	餐饮场所	A	A	B_1	B_1	B_1	B_1	B_1
10	办公场所	A	B_1	B_1	B_1	B_1	B_2	B_2
11	其他公共场所	A	A	B_1	B_2	B_2	B_2	B_2
12	汽车库、修车库	A	A	B_1	A	A	—	—

备注：1. 地下民用建筑系指单层、多层、高层民用建筑的地下部分，单独建造在地下的民用建筑以及平战结合的地下人防工程。

2. 除本规范第 4 章规定的场所和表 2-5 中序号为 6～8 规定的部位外，单独建造的地下民用建筑的地上部分，其门厅、休息室、办公室等内部装修材料的燃烧性能等级可在表 2-5 的基础上降低一级。

（11）厂房内部各部位装修材料的燃烧性能等级，不应低于表 2-9 的规定。

厂房内部各部位装修材料的燃烧性能等级　　表 2-9

序号	厂房及车间的火灾危险性和性质	建筑规模	装修材料燃烧性能等级						
			顶棚	墙面	地面	隔断	固定家具	装饰织物	其他装修装饰材料
1	甲、乙类厂房，丙类厂房中的甲、乙类生产车间，有明火的丁类厂房、高温车间	—	A	A	A	A	A	B_1	B_1
2	劳动密集型丙类生产车间或厂房，火灾荷载较高的丙类生产车间或厂房，洁净车间	单/多层	A	A	B_1	B_1	B_1	B_2	B_2
		高层	A	A	A	B_1	B_1	B_1	B_1
3	其他丙类生产车间或厂房	单/多层	A	B_1	B_2	B_2	B_2	B_2	B_2
		高层	A	B_1	B_1	B_1	B_1	B_1	B_1
4	丙类厂房	地下	A	A	A	B_1	B_1	B_1	B_1

续表

序号	厂房及车间的火灾危险性和性质	建筑规模	装修材料燃烧性能等级						
			顶棚	墙面	地面	隔断	固定家具	装饰织物	其他装修装饰材料
5	无名火的丁类厂房、戊类厂房	单/多层	B$_1$	B$_2$	B$_2$	B$_2$	B$_2$	B$_2$	B$_2$
6		高层	B$_1$	B$_1$	B$_2$	B$_2$	B$_1$	B$_1$	B$_1$
7		地下	A	A	B$_1$	B$_1$	B$_1$	B$_1$	B$_1$

备注：1. 除本规范第4章规定的场所和部位外，当单层、多层丙、丁、戊类厂房内同时设有火灾自动报警和自动灭火系统时，除顶棚外，其装修材料的燃烧性能等级可在表2-6规定的基础上降低一级。

2. 当厂房的地面为架空地板时，其地面应采用不低于B$_1$级的装修材料。

3. 附设在工业建筑内的办公、研发、餐厅等辅助用房，当采用现行国家标准《建筑设计防火规范（2018年版）》GB 50016规定的防火分隔和疏散设施时，其内部装修材料的燃烧性能等级可按民用建筑的规定执行。

（12）消防水泵房、机械加压送风排烟机房、固定灭火系统钢瓶间、配电室、变压器室、发电机房、储油间、通风和空调机房等，其内部所有装修均应采用A级装修材料。

（13）消防控制室等重要房间，其顶棚和墙面应采用A级装修材料，地面及其他装修应采用不低于B$_1$级的装修材料。

（14）建筑物内的厨房，其顶棚、墙面、地面均应采用A级装修材料。

（15）经常使用明火器具的餐厅、科研试验室，其装修材料的燃烧性能等级除A级外，应在表2-3、表2-4、表2-5、表2-6、表2-7规定的基础上提高一级。

（16）民用建筑内的库房或贮藏间，其内部所有装修除应符合相应场所规定外，还应采用不低于B$_1$级的装修材料。

（17）展览性场所装修设计应符合下列规定：

1）展台材料应采用不低于B$_1$级的装修材料。

2）在展厅设置电加热设备的餐饮操作区内，与电加热设备贴邻的墙面、操作台均应采用A级装修材料。

3）展台与卤钨灯等高温照明灯具贴邻部位的材料应采用A级装修材料。

2.3.4　《建筑工程施工质量评价标准》GB/T 50375—2016

根据住房和城乡建设部《关于印发2014年工程建设标准规范制订、修订计划的通知》（建标〔2013〕169号）的要求，委员会修订了本标准。

1. 修订的主要技术内容

（1）原"施工现场质量保证条件"评价项目，调整为评价条文，不单独列为评价项目。

（2）原"尺寸偏差及限值实测"项目调整为"允许偏差"项目，并以规范指标的达标率来评价，取消了提高标准的做法。

（3）增加了"建筑节能工程"。对"燃气工程"的评价推荐了参考表格及内容。

（4）对"质量记录"项目的应得分值作了调整，突出了施工过程施工试验、检测的质量控制。

（5）将原各项目中的"检验项目"和"评分表"予以合并。

（6）将地下防水工程列入地基与基础工程评价。将地基与基础工程中的地基部分及地下室的结构列入主体结构工程评价。

（7）"评价项目"由三个档次改为两个档次。

（8）评价等级由原"优良、高等级优良"两个等级改为"优良"一个等级。

本标准由住房和城乡建设部负责管理，由中国建筑业协会工程建设质量监督与检测分会负责具体技术内容的解释。

2. 总则

（1）为促进建筑工程质量管理和质量水平的提高，统一建筑工程施工质量评价的内容和方法，制定本标准。

（2）本标准适用于建筑工程施工质量优良等级的评价。

（3）建筑工程施工质量评价除应符合本标准外，尚应符合国家现行有关标准的规定。

3. 评价基础

（1）建筑工程施工质量评价应实施目标管理，健全质量管理体系，落实质量责任，完善控制手段，提高质量保证能力和持续改进能力。

（2）建筑工程质量管理应加强对原材料、施工过程的质量控制和结构安全、功能效果检验，具有完整的施工控制资料和质量验收资料。

（3）工程质量验收应完善检验批的质量验收，具有完整的施工操作依据和现场验收检查原始记录。

（4）建筑工程施工质量评价应对工程结构安全、使用功能、建筑节能和观感质量等进行综合核查。

（5）建筑工程施工质量评价应按分部工程、子分部工程进行。

4. 评价体系

（1）建筑工程施工质量评价应根据建筑工程特点分为地基与基础工程、主体结构工程、屋面工程、装饰装修工程、安装工程及建筑节能工程六个部分。

（2）每个评价部分应根据其在整个工程中所占的工作量及重要程度给出相应的权重，其权重应符合表 2-10 的规定。

工程评价部分权重　　　　　　　　　　　　　　　　　表 2-10

工程评价部分	权重（%）	工程评价部分	权重（%）
地基与基础工程	10	装饰装修工程	15
主体结构工程	40	安装工程	20
屋面工程	5	建筑节能工程	10

注：1. 主体结构、安装工程有多项内容时，其权重可按实际工作量分配，但应为整数。

2. 主体结构中的砌体工程若是填充墙时，最多只占 10% 的权重。

3. 地基与基础工程中基础及地下室结构列入主体结构工程中评价。

（3）每个评价部分应按工程质量的特点，分为性能检测、质量记录、允许偏差、观感质量四个评价项目。

（4）每个评价项目应根据其在该评价部分内所占的工作量及重要程度给出相应的项目分值，其项目分值应符合表 2-11 的规定。

评价项目分值   表 2-11

序号	评价项目	地基与基础工程	结构工程	屋面工程	装饰装修工程	安装工程	建筑节能工程
1	性能检测	40	10	40	30	40	40
2	质量记录	40	30	20	20	20	30
3	允许偏差	10	20	10	10	10	10
4	观感质量	10	10	30	40	30	20

注：用本标准各检查评分表检查评分后，将所得分换算为本表项目分值，再按规定换算为本标准表 2-11 的权重。

（5）每个评价项目应包括若干项具体检查内容，对每一具体检查内容应按其重要性给出分值，其判定结果分为两个档次：一档应为 100% 的分值；二档应为 70% 的分值。

（6）结构工程、单位工程施工质量评价综合评分达到 85 分及以上的建筑工程应评为优良工程。

5. 评价方法

（1）性能检测评价方法应符合下列规定：

1）检查标准：检查项目的检测指标一次检测达到设计要求及规范规定的应为一档，取 100% 的分值；按相关规范规定，经过处理后满足设计要求及规范规定的应为二档，取 70% 的分值。

2）检查方法：核查性能检测报告。

（2）质量记录评价方法应符合下列规定：

1）检查标准：材料、设备合格证、进场验收记录及复试报告、施工记录及施工试验等资料完整，能满足设计要求及规范规定的应为一档，取 100% 的分值；资料基本完整并能满足设计要求及规范规定的应为二档，取 70% 的分值。

2）检查方法：核查资料的项目、数量及数据内容。

（3）允许偏差评价方法应符合下列规定：

1）检查标准：检查项目 90% 及以上测点实测值达到规范规定值的应为一档，取 100% 的分值；检查项目 80% 及以上测点实测值达到规范规定值，但不足 90% 的应为二档，取 70% 的分值。

2）检查方法：在各相关检验批中，随机抽取 5 个检验批，不足 5 个的取全部进行核查。

（4）观感质量评价方法应符合下列规定：

1）检查标准：每个检查项目以随机抽取的检查点按"好""一般"给出评价。项目检查点 90% 及其以上达到"好"，其余检查点达到"一般"的应为一档，取 100% 的分值；项目检查点 80% 及其以上达到"好"，但不足 90%，其余检查点达到"一般"的应为二档，取 70% 的分值。

2）检查方法：核查分部（子分部）工程质量验收资料。

6. 装饰装修工程质量评价

（1）性能检测

1）装饰装修工程性能检测项目及评分应符合表 2-12 的规定。

装饰装修工程性能检测项目及评分　　　表 2-12

工程名称				施工部位			
施工单位				评价单位			
序号	检 查 项 目		应得分	判定结果		实得分	备注
				100%	70%		
1	外窗三性检测		10				
2	外窗、门的安装牢固检验		10				
3	装饰吊挂件和预埋件检验或拉拔试验		10				
4	阻燃材料的阻燃性试验		10				
5	幕墙的三性及平面变形性能检测		10				
6	幕墙金属框架与主体结构连接检测		10				
7	幕墙后置埋件拉拔力试验		10				
8	外墙块材镶贴的粘接强度检测		10				
9	有防水要求房间地面蓄水试验		10				
10	室内环境质量检测		10				
	合计得分						
核查结果	性能检测项目分值 30 分。 应得分合计： 实得分合计： 　　装饰装修工程性能检测评分＝实得分合计/应得分合计×30＝ 　　　　评价人员：　　　　　　　　　　　　　　　年　月　日						

2）装饰装修工程性能检测评分方法应符合《建筑工程施工质量评价标准》GB/T 50375—2016 第 3.3.1 条的规定。

（2）质量记录

1）装饰装修工程质量记录项目及评分应符合表 2-13 的规定。

装饰装修工程质量记录项目及评分　　　表 2-13

工程名称			建设单位			
施工单位			评价单位			
序号	检 查 项 目		应得分	判定结果		实得分	备注
				100%	70%	
1	材料合格证、进场验收记录及复试报告	装饰装修、地面、门窗保温、阻燃防火材料合格证及进场验收记录，保温、阻燃材料复试报告	30				
		幕墙的玻璃、石材、板材、结构材料合格证及进场验收记录					
		有环境质量要求的材料合格证、进场验收记录及复试报告					

续表

工程名称				建设单位				
施工单位				评价单位				
序号	检查项目			应得分	判定结果		实得分	备注
					100%	70%		
2	施工记录	幕墙、外墙饰面砖（板）、预埋件及粘贴施工记录		30				
		门窗、吊顶、隔墙、地面、饰面砖（板）施工记录						
		抹灰、涂饰施工记录						
		隐蔽工程验收记录						
3	施工试验	有防水要求房间地面坡度检验记录		40				
		结构胶相容性试验报告						
		有关胶料配合比试验单						
合计得分								

检查结果	质量记录项目分值 20 分。 应得分合计： 实得分合计： 装饰装修工程质量记录得分＝实得分合计/应得分合计×20＝ 评价人员： 年 月 日

    2）装饰装修工程质量记录评价方法应符合《建筑工程施工质量评价标准》GB/T 50375—2016 第 3.3.2 条的规定。

    （3）允许偏差

    1）装饰装修工程允许偏差项目及评分应符合表 2-14 的规定。

装饰装修工程允许偏差项目及评分 表 2-14

工程名称				建设单位				
施工单位				评价单位				
序号	检查项目			允许偏差(mm)	应得分	判定结果		实得分	备注
						100%	70%		
1	墙面抹灰工程		立面垂直度	4	20				
			表面平整度	4					
2	门窗工程		门窗框正、侧面垂直度	3	20				
			双层窗内外框间距	4					
	幕墙工程	幕墙垂直度	$H{\leqslant}30\text{m}$	10					
			$30\text{m}{<}H{\leqslant}60\text{m}$	15					
			$60\text{m}{<}H{\leqslant}90\text{m}$	20					
			$H{>}90\text{m}$	25					
3	地面工程		地面表面平整度	4	30				

续表

工程名称				建设单位				
施工单位				评价单位				
序号		检查项目	允许偏差(mm)	应得分	判定结果		实得分	备注
					100%	70%		
4	吊顶工程	接缝直线度	3	10				
5	饰面砖(板)工程	表面平整度	3	10				
		接缝直线度	2					
6	细部工程	扶手高度	3	10				
		栏杆间距	3					
		合计得分						
核查结果	允许偏差项目分值10分。 应得分合计： 实得分合计： 　　　装饰装修工程允许偏差得分＝实得分合计/应得分合计×10＝ 　　　评价人员：　　　　　　　　　　　　　　　　年　月　日							

注：H 为幕墙高度。

　　2）装饰装修工程允许偏差评价方法应符合《建筑工程施工质量评价标准》GB/T 50375—2016 第 3.3.3 条的规定。

　　（4）观感质量

　　1）装饰装修工程观感质量项目及评分应符合表 2-15 的规定。

装饰装修工程观感质量项目及评分　　　　　　　表 2-15

工程名称			建设单位					
施工单位			评价单位					
序号		检查项目	应得分	判定结果			实得分	备注
				100%	85%	70%		
1	地面	表面、分格缝、图案、有排水要求的地面的坡度、块材色差、不同材质分界缝	10					
2	墙面抹灰	表面、护角、阴阳角、分格缝、滴水线槽	10					
	饰面板(砖)	排砖、表面质量、勾缝嵌缝、细部、边角						
3	门窗	安装固定、配件、位置、构造、玻璃质量、开启及密封	10					
	幕墙	主要构件外观、节点做法、玻璃质量、固定、打胶、配件、开启密闭						
4	吊顶	图案、颜色、灯具设备安装位置、交接缝处理、吊杆龙骨外观	10					

工程名称					建设单位					
施工单位					评价单位					
序号	检查项目		应得分	判定结果			实得分	备注
				100%	85%	70%		
5	轻质隔墙	位置、墙面平整、连接件、接缝处理	10					
6	涂饰工程裱糊与软包	表面质量、分色规矩、色泽协调 端正、边框、拼角、接缝、平整、对花规矩	10					
7	细部工程	柜、盒、护罩、栏杆、花式等安装、固定和表面质量	10					
8	外檐观感	室外墙面、大角、墙面横竖线（角）及滴水槽（线）、散水、台阶、雨罩、变形缝和泛水等	15					
9	室内观感	地面、墙面、墙面砖、顶棚、涂料、饰物、线条及不同做法的交接过渡、变形缝等	15					
核查结果	权重值40分。 应得分合计： 实得分合计： 　　　　装饰装修工程观感质量得分＝实得分合计/应得分合计×40＝ 　　　　评价人员：　　　　　　　　　　　　　年　月　日							

2）装饰装修工程观感质量评价方法应符合《建筑工程施工质量评价标准》GB/T 50375—2016 3.3.4条的规定。

2.3.5　《住宅建筑室内装修污染控制技术标准［含光盘］》JGJ/T 436—2018

为预防和控制住宅中装饰装修引起的室内环境污染，保障居住者健康，做到技术先进、经济合理、安全适用、确保质量，深圳建筑科学研究院股份有限公司会同有关单位专家，经调查研究，认真总结实践经验，参考国际标准和国外先进标准，并在广泛征求意见的基础上编制了本标准。

本标准共6章，主要技术内容是：1. 总则；2. 术语和符号；3. 基本规定；4. 污染物控制设计；5. 施工阶段污染物控制；6. 室内空气质量检测与验收。

本标准适用于住宅室内装饰装修材料引起的空气污染物控制。

1. 基本规定

（1）住宅装饰装修可分为专业施工单位承建的装饰装修工程阶段和工程完成后业主自行添置活动家具阶段。

（2）空调、消防等其他专业工程应选用符合环保要求的材料，且不应对室内空气质量产生不利影响。

（3）本标准控制的室内空气污染物应主要包括甲醛、苯、甲苯、二甲苯、总挥发性有机化合物（简称TVOC）。

（4）材料的型式检验报告、进场复检报告应包括污染物释放率检测结果，不同材料对应的污染物检测参数应符合表 2-16 的规定。

材料对应控制释放率的污染物　　　表 2-16

类型＼污染物	甲醛	苯	甲苯	二甲苯	TVOC
木地板	●○		—		●○
人造板及饰面人造板	●○	—	—		●○
木制家具	●○	●	●	●	●
卷材地板	—				●○
墙纸	●○			—	—
地毯	●○	●	●	●	●
水性涂料	●○	●	●	●	●○
溶剂型涂料	—	●	●	●	●○
水性胶粘剂	●○	●	●	●	●○
溶剂型胶粘剂	—	●	●	●	●○

注：1. ●表示型式检验项目；

2. ○表示进场复检项目；

3. —表示不需要。

（5）室内装修施工材料使用应符合下列规定：

1）室内装修时不得使用苯、工业苯、石油苯、重质苯及混苯作为稀释剂和溶剂；

2）木地板及其他木质材料不得采用沥青、煤焦油类作为防腐、防潮处理剂；

3）不得使用以甲醛作为原料的胶粘剂；

4）不得采用溶剂型涂料如光油作为防潮基层材料。

（6）室内装饰装修施工时，不应使用苯、甲苯、二甲苯及汽油进行除油和清除旧油漆作业。

（7）室内不应使用有机溶剂清洗施工、保洁用具。

（8）室内装饰装修工程的室内空气质量检测宜在工程完工 7d 后进行。

（9）室内空气污染物浓度的验收应抽检有代表性的房间，抽检比例应符合下列规定：

1）无样板间的项目，抽检套数不得少于住宅套数的 5%，且不应少于 3 套；当套数少于 3 套时，应全数抽检；

2）有样板间的项目，且室内空气污染物浓度检测结果符合控制要求时，抽检量可减半，但不应少于 3 套；当套数少于 3 套时，应全数抽检。

① 每套住宅内应对卧室、起居室、厨房等不同功能房间进行检测。

② 检测时待测房间污染物检测点数的设置应符合表 2-17 的规定。

待测房间检测点数设置　　　表 2-17

房间使用面积（m²）	检测点数（个）
＜50	1
≥50	2

③ 检测采样应在关闭门窗 1h 后进行，采样时应关闭门窗，且采样时间不应少

于 20min。

④ 空气质量检测宜同时测量室内空气温度和通风换气次数，并应在室内空气质量检测报告中标注测量结果。

其他具体的技术内容和检测与验收标准详见《住宅建筑室内装修污染控制技术标准［含光盘］》JGJ/T 436—2018。

2.3.6 《装配式整体卫生间应用技术标准》JGJ/T 467—2018

为规范装配式整体卫生间的应用，按照适用、经济、安全、绿色、美观的要求，全面提升装配式整体卫生间的工程质量，中国建筑标准设计研究院有限公司会同中大建设有限公司等有关单位专家，经广泛调查研究，认真总结实践经验，参考有关国外先进标准，并在广泛征求意见的基础上，编制了本标准。

本标准的主要技术内容是：1 总则；2 术语；3 基本规定；4 材料；5 设计选型；6 生产运输；7 施工安装；8 质量验收；9 使用维护。

本规程适用于民用建筑装配式整体卫生间的设计选型、生产运输、施工安装、质量验收及使用维护。

2.3.7 《建筑装饰装修工程成品保护技术标准》JGJ/T 427—2018

为规范建筑装饰装修工程成品保护技术要求，保障工程质量，提升装饰装修品质，提高施工标准化水平，促进绿色建造，由中国建筑装饰协会会同深圳市建筑装饰（集团）有限公司等有关单位专家，根据住房和城乡建设部《关于印发〈2015 年工程建设标准规范制订、修订计划〉的通知》（建标〔2014〕189 号文）的要求，经调查研究，认真总结实践经验，参考国际标准和国外先进标准，并在广泛征求意见的基础上编制了本标准。

本标准共 5 章，主要技术内容是：1 总则；2 术语；3 基本规定；4 装饰装修工程保护措施；5 相关专业工程保护措施。

本标准适用于建筑装饰装修工程施工阶段和保修阶段的成品保护。

1. 基本规定

（1）装饰装修工程施工和保修期间，应对所施工的项目和相关工程进行成品保护；相关专业工程施工时，应对装饰装修工程进行成品保护。

（2）装饰装修工程施工组织设计应包含成品保护方案，特殊气候环境应制定专项保护方案。

（3）装饰装修工程施工前，各参建单位应制定交叉作业面的施工顺序、配合和成品保护要求。

（4）成品保护可采用覆盖、包裹、遮搭、围护、封堵、封闭、隔离等方式。

（5）成品保护所用材料应符合国家现行相关材料规范，并符合工序质量要求。宜采用绿色、环保、可再循环使用的材料。

（6）成品保护重要部位应设置明显的保护标识。

（7）在已完工的装饰面层施工时，应采取防污染措施。

（8）成品保护过程中应采取相应的防火措施。

（9）有粉尘、喷涂作业时，作业空间的成品应做包裹、覆盖保护。

（10）在成品区域进行产生高温的施工作业时，应对成品表面采用隔离防护措施，不得将产生热源的设备或工具直接放置在装饰面层上。

（11）施工期间应对成品保护设施进行检查。对有损坏的保护设施应及时进行修复。

2. 装饰装修工程保护措施

（1）装饰面层不得接触腐蚀性物质。

（2）家具、门窗的开启部分安装完成后应采取限位措施。

（3）施工过程中应妥善保护构件保护膜，并在规定的时间内去除。

（4）在已完工区域搬运重型、大型物品时，应预先确定搬运路线，搬运路线地面上应铺设满足强度要求的保护层，顶面、墙面应根据搬运物品特性设置相应的防护装置。

（5）装饰装修工程已完工的独立空间在清洁后应进行隔离，并采取封闭、通风、加湿、除湿等保护措施。

（6）当吊顶内需要安装其他设备时，不得破坏吊杆和龙骨。吊顶内设备需检修的部位，应预留检查口。

（7）吊顶工程的封板作业应在吊顶内各设备系统安装施工完毕并通过验收后进行。

（8）当施工人员在吊顶内作业时，受力点应在主龙骨上。

（9）养护固化期间不应放置重物。

（10）在已完工地面上施工时，应采用柔性材料覆盖地面，施工通道或施工架体支承区域应再覆盖一层硬质材料。

（11）临时放置施工机具和设备时，应在底部设置防护减振材料。

（12）每阶踏步完工后，宜安装踏步护角板；梯段完工后应将每阶踏步护角板连成整体。

（13）石材地面、饰面砖地面表面清理干净后，应采用柔性透气材质完全覆盖。

（14）玻璃安装后地面不得拖拽、放置重物。

（15）木地板地面保护措施应符合下列规定。

（16）应采取遮光措施避免阳光直射木地板。

（17）胶粘块毯在胶未固化前不应踩踏。

（18）不得碾压满铺的地毯。

（19）漆膜未达到要求前不得踩踏。

（20）不得在油漆地面上拖拽物品。

（21）严禁 60℃ 以上的热源或尖锐物体触碰塑胶地面。

（22）隔墙龙骨施工期间应设置警示牌，不得在龙骨间隙传递材料及通行，不得对龙骨架和面板施加额外荷载。

（23）多孔介质材料在施工前不应开封，当安装完成后不能封板，则应采用塑料薄膜覆盖密封。

（24）饰面板（砖）工程中表面易受污染、碰撞损伤的部位宜先用柔性材料做面层保护，再用硬质材料围护，具体方法及措施应在施工方案中明确。

（25）安装完工后，粘结层固化前，不得剧烈振动饰面材料。

（26）需现场刷油漆的木饰面进场后应及时涂刷一遍底漆。

（27）应防止碱性灰浆溅到热反射镀膜玻璃的反射膜面和金属饰面上。

（28）已安装门窗框的洞口，不应再用作运料通道。当确需用作运料通道时，应采用抗压过桥保护门窗框。车辆通行和超长材料运输时宜有专人指挥。

（29）不得在安装完毕的门窗上安放施工架体、悬挂重物。施工人员不得踩踏、碰撞已安装完工的门窗。

（30）应保持门窗玻璃内外保护膜的完整，清理保护膜和污染物时，不得使用利器，不得使用对门窗框、玻璃、配件有腐蚀性的清洁剂。

（31）五金配件应与门扇同时安装，没有限位装置的门应用柔性材料限位并防止碰撞。

（32）在旋转门上方作业时，应对旋转门的框体及门扇采取保护措施，不得利用旋转门的框架作为作业平台。

（33）自动门的感应器安装后应处于关闭状态。

（34）对完工后的抹灰与涂饰工程阳角、突出处应用硬质材料围护保护。

（35）不同材质的喷涂作业不得同时进行。

（36）有粉尘作业时，应对墙纸、壁布及软包饰面采用包裹保护。

（37）在已完工的裱糊和软包饰面开凿打洞时，应采取遮盖周边装饰面、接灰、防水等保护措施。

（38）不得在已安装完毕的固定家具台面、隔板上放置物品，抽屉、柜门应处于闭合状态。

（39）窗帘盒、窗台板及门窗套安装完工后，应对有可能受到碰撞的部位进行保护。

（40）按工艺要求在现场刷油漆的木制品、金属制品等，进场后应先涂刷一道底漆。

（41）施工设备拆除时应有防止碰撞幕墙的措施。

（42）不得在防水层上剔凿、开洞、钻孔以及进行电气焊等高温作业。

（43）严禁重物、带尖物品等直接放置在防水层表面，施工人员不得穿硬底鞋在涂膜防水层上作业。

（44）在有防水层的结构上进行埋件施工时，应根据楼板厚度和防水层位置，设置钻孔深度限位，不得破坏防水层。

3. 相关专业工程保护措施

（1）装饰装修工程施工过程中不得损坏主体结构、设备系统等其他分部分项工程成品；结构、设备系统施工不得损坏装饰装修工程成品。

（2）不得在设备上方进行施工作业。当确需在设备上方进行施工作业时，应在设备上方覆盖硬质材料进行防护，不得踩踏设备和管线。当设备可能承受荷载或外力撞击时，应采用硬质材料围护，并应设防碰撞标识。

（3）施工架体不得搭靠在管道或设备上。

（4）主体结构上的吊挂物、固定物的荷载不得对主体结构安全产生影响。

（5）施工临时荷载不得超过设计荷载。

（6）严禁在预应力构件上进行开凿、打孔、焊接等作业。

（7）不得对施工完毕的保温墙体擅自开凿孔洞。当确需开洞时，应在外保温抗裂砂浆或抹面砂浆达到设计强度后进行。

（8）不得在安装好的托、吊管道上搭设架体或吊挂物品。

（9）不得碰撞和踩踏各种管道。

（10）不得在地暖铺管区域地面上钻孔、打钉、切割、电气焊等操作施工。

（11）卫生器具上不得放置无关物品。

（12）管道刷漆时应采取措施防止污染装饰层。

（13）装饰装修工程施工时，严禁在风管上放置材料及工具。

（14）抹灰、垫层、镶贴等工程施工前，基层内预埋的穿线盒、暗装配电箱、地面暗装插座等应做临时封堵。

（15）当末端装置安装完成后装饰装修工程仍需进行局部调整施工时，应重新检查作业区域内已安装完成的末端装置的保护措施。

（16）电梯轿厢的立面、顶面宜采用硬质板材覆盖。

（17）电梯控制面板表面保护膜应至少保留至工程交付。

（18）运料电梯的门槛应设置抗压过桥保护。

（19）电梯口应做临时挡水台。

（20）电梯周边应采取找坡等防水措施，不得大范围用水作业。

（21）在扶梯上方施工时应在扶梯及人行道上铺设板材并固定牢固。若需在扶梯上方搭设施工架体，扶梯及自动人行道不得承重，施工架体不得与扶梯及自动人行道接触。

其他技术内容和要求详见《建筑装饰装修工程成品保护技术标准》JGJ/T 427—2017。

2.3.8　《建筑玻璃采光顶技术要求》JG/T 231—2018

新版《建筑玻璃采光顶技术要求》JG/T 231—2018 相比《建筑玻璃采光顶》JG/T 231—2007 主要技术内容调整如下：

1. 术语和定义

建筑玻璃采光顶：由玻璃面板和支撑体系所组成的与水平面的夹角小于 75°的围护结构、装饰性结构及雨篷的总称。

太阳得热系数：通过透光围护结构的太阳辐射室内得热量与投射到透光围护结构外表面上的太阳辐射量的比值（注：太阳辐射室内得热量包括太阳辐射通过辐射投射的得热量和太阳辐射被构件吸收再穿入室内的得热量部分）。

2. 标记方法

标记由玻璃采光顶产品代号（CGD）、标准号、支撑结构类别代号、开合类别代号、封闭类别代号及主参数（结构性能）组成（图 2-1）。

图 2-1　标注方法示意图

3. 光伏构件

（1）玻璃采光顶用太阳能光伏构件应符合 JG/T 492—2016 的要求，光伏夹层玻璃应符合 GB/T 29551 的要求，光伏中空玻璃应符合 GB/T 29759—2013 的要求。

（2）薄膜光伏构件应符合 GB/T 18911—2002 的规定。

（3）晶体硅光伏构件应符合 GB/T 9535—1998 的规定。

（4）其他形式光伏构件应符合 GB 15763.3—2009 规定的抗冲击性能的要求。

（5）光伏构件上应标有电极标识，表面不应有直径大于 3mm 的斑点、明显的彩虹和色差。

（6）光伏构件接线盒、快速接头、逆变器、集线箱、传感器、并网设备、数据采集器和通信监控系统应符合 GB/T 51368—2019 的规定，连接用线、电缆应符合 GB/T 20047.1—2006 的规定，且应满足设计要求。

（7）光伏构件用聚乙烯醇缩丁醛（PVC）胶片应符合 JG/T 449—2014 的规定，并满足设计要求。

4. 遮阳材料

玻璃采光顶用天篷帘、软卷帘应分别符合 JG/T 252—2015 和 JG/T 254—2015 的规定。

5. 结构性能要求

（1）玻璃采光顶结构性能应包括可能承受的风荷载、积水荷载、雪荷载、冰荷载、遮阳装置及照明装置荷载、活荷载及其他荷载，应按 GB 50009—2012 和 GB 50011—2010 的规定对玻璃采光顶承受的各种荷载和作用以垂直于玻璃采光顶的方向进行组合，并取最不利工况下的组合荷载标准值为玻璃采光顶结构性能指标。

（2）玻璃采光顶结构性能分级应符合表 2-18 规定。在相应结构性能分级指标作用下，玻璃采光顶应符合下列要求：

1）结构构件在垂直于玻璃采光顶构件平面方向的相对挠度应大于 1/200；

2）玻璃板表面不应积水，相对挠度不应大于计算边长的 1/80，绝对挠度不宜大于 20mm；

3）玻璃采光顶不应发生损坏或功能性障碍。

结构性能分级表　　　　　　　　　　　　　　　　　表 2-18

分级代号	1	2	3	4	5	6	7	8	9
分级指标值 S_k/kPa	$1.0{\leqslant}S_k$ <1.5	$1.5{\leqslant}S_k$ <2.0	$2.0{\leqslant}S_k$ <2.5	$2.5{\leqslant}S_k$ <3.0	$3.0{\leqslant}S_k$ <3.5	$3.5{\leqslant}S_k$ <4.0	$4.0{\leqslant}S_k$ <4.5	$4.5{\leqslant}S_k$ <5.0	$S_k{\geqslant}$ 5.0

注：1. 各级均需同时标注 S_k 的实测值。

　　2. 分级指标值 S_k 为绝对值。

6. 水密性能要求

水密性分级指标（ΔP）应符合表 2-19 的规定。

玻璃采光顶水密性能分级表　　　　　　　　　　　　表 2-19

分级代号		1	2	3	4
分级指标值 ΔP Pa	固定部分	$\Delta P=0$	$1000{\leqslant}\Delta P<1500$	$1500{\leqslant}\Delta P<2000$	$\Delta P{\geqslant}2000$
	可开启部分	$\Delta P=0$	$500{\leqslant}\Delta P<700$	$700{\leqslant}\Delta P<1000$	$\Delta P{\geqslant}1000$

注：1. ΔP 为测试结果满足委托要求的水密性能检测指标压力差值；

　　2. 各级下均需同时标注 ΔP 的实测值。

7. 保温性能要求

玻璃采光顶保温性能以传热系数（K）和抗结露因子（CRF）表示。传热系数（K）

分级见表 2-20，抗结露因子（CRF）分级见表 2-21（注：抗结露因子是玻璃采光顶阻抗室内表面结露能力的指标。指在稳定传热状态下，试件热侧表面与室外空气温度差和室内外空气温度差的比值）。

玻璃采光顶传热系数分级表 表 2-20

分　级	1	2	3	4	5	6	7	8
分级指标值 $K/[\mathrm{W}/(\mathrm{m}^2 \cdot \mathrm{K})]$	$K>5.0$	$5.0 \geqslant K >4.0$	$4.0 \geqslant K >3.0$	$3.0 \geqslant K >2.5$	$2.5 \geqslant K >2.0$	$2.0 \geqslant K >1.5$	$1.5 \geqslant K >1.0$	$K \leqslant 1.0$

玻璃采光顶抗结露因子分级表 表 2-21

分　级	1	2	3	4	5	6	7	8
分级指标值 CRF	$CRF \leqslant 40$	$40 < CRF \leqslant 45$	$45 < CRF \leqslant 50$	$50 < CRF \leqslant 55$	$55 < CRF \leqslant 60$	$60 < CRF \leqslant 65$	$65 < CRF \leqslant 70$	$K > 75$

8. 隔热性能要求

玻璃采光顶隔热性能以太阳得热系数（SHGC，也称太阳能总透射比）表示，分级指标应符合表 2-22 的规定。

玻璃采光顶太阳得热系数分级表 表 2-22

分　级	1	2	3	4	5	6	7
分级指标值 $SHGC$	$0.8 \geqslant SHGC >0.7$	$0.7 \geqslant SHGC >0.6$	$0.6 \geqslant SHGC >0.5$	$0.5 \geqslant SHGC >0.4$	$0.4 \geqslant SHGC >0.3$	$0.3 \geqslant SHGC >0.2$	$SHGC \leqslant 0.2$

9. 光热性能要求

玻璃采光顶光热性能以光热比（r 或 LSG）表示，分级应符合表 2-23 的规定。（注：光热比 r 或 LSG 为可见光透射比 τ_v 和太阳能总透射比 g 的比值，即 $r = \tau_v / g$。）

光热性能分级表 表 2-23

分　级	1	2	3	4	5	6	7	8
光热比 r	$r < 1.1$	$1.1 \leqslant r <1.2$	$1.2 \leqslant r <1.3$	$1.3 \leqslant r <1.4$	$1.4 \leqslant r <1.5$	$1.5 \leqslant r <1.7$	$1.7 \leqslant r <1.9$	$r \geqslant 1.9$

10. 热循环性能要求

（1）热循环试验中试件不应出现结露现象，应无功能障碍或损坏。

（2）玻璃采光顶的热循环性能应满足下列要求：

1）热循环试验至少三个周期；

2）试验前后玻璃采光顶的气密、水密性能指标不应出现级别下降。

11. 采光性能要求

玻璃采光顶采光性能以透光折减系数 T_r 和颜色透射指数 R_a 作为分级指标，透光折减系数 T_r 分级指标应符合表 2-24 的规定，颜色透射指数 R_a 应符合表 2-25 的规定。有辨色要求的玻璃采光顶的颜色透射指数 R_a 不低于80。

玻璃采光顶透光折减系数分级表   表 2-24

分级代号	1	2	3	4	5
分级指标值 T_r	$0.20 \leqslant T_r$ < 0.30	$0.30 \leqslant T_r$ < 0.40	$0.40 \leqslant T_r$ < 0.50	$0.50 \leqslant T_r$ < 0.60	$T_r \geqslant 0.60$

注：T_r 为透射漫射光照度与漫射光照度之比，5级时需同时标注 T_r 的实测值。

玻璃采光顶颜色透射指数分级   表 2-25

分级	1		2		3	4
	A	B	A	B		
R_a	$R_a \geqslant 90$	$80 \leqslant R_a < 90$	$70 \leqslant R_a < 80$	$60 \leqslant R_a < 70$	$40 \leqslant R_a < 60$	$20 \leqslant R_a < 40$

12. 抗冲击性能要求

（1）抗软重物撞击性能

抗软重物冲击性能以撞击能量 E 和撞击物理的降落高度 H 作为分级指标，玻璃采光顶的抗软重物撞击性能分级指标应符合表 2-26 的规定。

建筑玻璃采光顶抗软重物撞击性能分级   表 2-26

分级指标		1	2	3	4
室外侧	撞击能量 E(N·m)	300	500	800	>800
	降落高度 H(mm)	700	1100	1800	>1800

注：当室外侧定级值为 4 级时标注撞击能力实际测试值。例如：室外侧 1900N·m。

（2）抗硬重物撞击性能

当玻璃采光顶面板材料为夹层玻璃时，抗硬重物冲击性能检测后夹层玻璃下层玻璃不应发生破坏。当玻璃采光顶面板材料为含夹层玻璃的中空玻璃或夹层真空玻璃时，抗硬重物冲击性能检测后夹层玻璃下层玻璃不应发生破坏。

（3）抗风携碎物冲击性能

玻璃采光顶的抗风携碎物冲击性能以发射物的质量和冲击速度作为分级指标，其分级指标应符合表 2-27 的规定。

建筑玻璃采光顶抗风携碎物冲击性能分级   表 2-27

分级		1	2	3	4	5
发射物	材质	钢珠	木块	木块	木块	木块
	长度	—	0.53m±0.05m	1.25m±0.05m	2.42m±0.05m	2.42m±0.05m
质量		2.0g±0.1g	0.9kg±0.1kg	2.1kg±0.1kg	4.1kg±0.1kg	4.1kg±0.1kg
速度		39.6m/s	15.3m/s	12.2m/s	15.3m/s	24.4m/s

13. 电气性能要求

具有光伏发电功能的玻璃采光顶，光伏构件的电气性能以最大功率、绝缘耐压、湿漏电流和湿冻试验表示，试验前后均应满足设计要求，且最大功率衰减不应超过初始试验的 5％。

2.3.9 《人造板材幕墙工程技术规范》JGJ 336—2016

1. 总则

建筑用瓷板、陶板、微晶玻璃板、石材蜂窝复合板、高压热固化木纤维板和纤维水泥板等外墙用人造板材幕墙工程。人造板材幕墙的应用高度不宜大于 100m。

2. 术语

人造板材幕墙：面板材料为人造外墙板的建筑幕墙，包括瓷板幕墙、陶板幕墙、微晶玻璃板幕墙、石材蜂窝板幕墙、木纤维板幕墙和纤维水泥板幕墙。

3. 材料

（1）幕墙用石材蜂窝板应符合现行行业标准《建筑装饰用石材蜂窝复合板》JG/T 328 的规定。面板石材为亚光面或镜面时，石材厚度宜为 3～5mm；面板石材为粗面时，石材厚度宜为 5～8mm。石材表面应涂刷符合现行行业标准《建筑装饰用天然石材防护剂》JC/T 973 规定的一等品及以上要求的饰面型石材防护剂，其耐碱性、耐酸性宜大于 80％。

（2）幕墙用纤维水泥板应采用符合现行行业标准《外墙用非承重纤维增强水泥板》JG/T 396 规定的外墙用涂装板，在未经表面防水处理和涂装处理状态下，板材的表观密度 D 不宜小于 $1.5g/cm^3$，吸水率不应大于 20％，强度等级不宜低于 Ⅲ 级（饱水状态抗折强度不宜小于 18MPa）。

（3）背栓应采用奥氏体型不锈钢制作。其组别和性能等级不宜低于现行国家标准《紧固件机械性能　不锈钢螺栓、螺钉和螺柱》GB/T 3098.6 和《紧固件机械性能　不锈钢螺母》GB/T 3098.15 中组别为 A4 的奥氏体不锈钢。背栓的直径不宜小于 6mm，不应小于 4mm，螺纹配合应灵活可靠，具备良好的互换性。

（4）瓷板、微晶玻璃板、石材蜂窝板和纤维水泥板幕墙板缝防粘衬垫材料，宜采用聚乙烯泡沫棒，其密度不宜大于 $37kg/m^3$。

4. 建筑设计

（1）瓷板、微晶玻璃板和纤维水泥板幕墙单块面板的面积不宜大于 $1.5m^2$。

（2）人造板材幕墙的传热系数，应符合下列规定：

1）人造板材幕墙背后无其他墙体时，幕墙本身的保温隔热构造系统应符合建筑物建筑节能设计对外墙的传热系数要求；

2）人造板材幕墙背后有其他墙体时，幕墙与该墙体共同组成的外围护结构，应符合建筑物建筑节能设计对外墙的传热系数要求；

（3）幕墙面板接缝设计应根据建筑装饰效果和面板材料特性确定，并应符合下列规定：

1）瓷板、微晶玻璃幕墙可采用封闭式或开放式板缝；

2）石材蜂窝板幕墙宜采用封闭式板缝，也可采用开放式板缝；

3）陶板、纤维水泥板幕墙宜采用开放式板缝，也可采用封闭式板缝；

4）木纤维板幕墙应采用开放式板缝。

（4）人造板材幕墙的耐火极限应符合下列规定：

1）背后有其他围护墙体时，该围护墙体应为不燃烧体，耐火极限不应低于现行国家标准《建筑设计防火规范（2018 年版）》GB 50016 关于外墙耐火极限的有关规定；

2）背后无其他围护墙体时，人造板材幕墙的耐火极限不应低于现行国家标准《建筑设计防火规范（2018 年版）》GB 50016 关于外墙耐火极限的有关规定。

5. 结构设计

幕墙应与主体结构可靠连接。连接件与主体结构的锚固承载力设计值应大于连接件本身的承载力设计值。

6. 面板及其连接设计

面板及其连接设计，应根据幕墙面板的材质、截面形状和建筑装饰要求确定。面板与幕墙构件的连接，宜采用下列形式：

（1）瓷板、微晶玻璃板宜采用短挂件连接、通长挂件连接和背栓连接；

（2）陶板宜采用短挂件连接，也可采用通长挂件连接；

（3）纤维水泥板宜采用穿透支承连接或背栓支承连接，也可采用通长挂件连接。穿透连接的基板厚度不应小于 8mm，背栓连接的基板厚度不应小于 12mm，通长挂件连接的基板厚度不应小于 15mm；

（4）石材蜂窝板宜通过板材背面预置螺母连接；

（5）木纤维板宜采用末端型式为刮削式（SC）的螺钉连接或背栓连接，也可采用穿透连接。采用穿透连接的板材厚度不应小于 6mm，采用背面连接或背栓连接的木纤维板厚度不应小于 8mm。

7. 工程验收

人造板材幕墙工程应对下列材料性能进行复验：

（1）瓷板、陶板、微晶玻璃板、木纤维板、纤维水泥板和石材蜂窝板的抗弯强度；

（2）用于寒冷地区和严寒地区时，瓷板、陶板、纤维水泥板和石材蜂窝板的抗冻性；

（3）建筑密封胶以及瓷板、陶板、微晶玻璃板和纤维水泥板挂件缝隙填充用胶粘剂的污染性；

（4）立柱、横梁等支承构件用铝合金型材、钢型材以及幕墙与主体结构之间的连接件的力学性能。

第3章 新材料、新机具

第1节 装饰板材的构造及性能

装饰装修用新型板材、木质地板，其产品的污染物释放应符合现行国家标准《民用建筑工程室内环境污染控制标准》GB 50325、《室内装饰装修材料 人造板及其制品中甲醛释放限量》GB 18580、《住宅建筑室内装修污染控制技术标准［含光盘］》JGJ/T 436等标准的要求。其产品的防火性能需满足现行国家标准《建筑设计防火规范（2018年版）》GB 50016、《建筑内部装修设计防火规范》GB 50222等标准的要求。

3.1.1 无机装饰板

无机装饰板（图3-1）选用100%无石棉的无机硅酸钙盐板作为基层材料，表面覆涂高性能氟碳涂层、聚酯涂层或者陶瓷无机涂层，经过特殊的釉化处理，其表面具有极强的耐候性，该板材具有卓越的防火性、耐久性、耐水性、耐化学药品性、耐磨、易清洁且具有外观亮丽、色彩丰富、清新时尚等优点。

图 3-1 无机装饰板

无机装饰板主要应用于公共建筑和民用建筑的室内、室外装饰，例如机场、隧道、地铁、车站、医院、洁净厂房、商场、学校、写字楼和实验室等。

3.1.2 木塑复合板

木塑复合材料（Wood-Plastic Composites，WPC）是国内外近年来蓬勃兴起的一类新型复合材料（图3-2），指利用聚乙烯、聚丙烯和聚氯乙烯等，代替通常的树脂胶粘剂，与超过50%以上的木粉、稻壳、秸秆等废植物纤维混合成新的木质材料，再经挤压、模压、注射成型等塑料加工工艺，生产出的板材或型材。它主要用于建材、家具、物流包装等行业。将塑料和木质粉料按一定比例混合后经热挤压成型的板材，称之为挤压木塑复合

图 3-2　木塑复合材料

板材。

　　木塑复合材料的基础为高密度聚乙烯和木质纤维，决定了其自身具有塑料和木材的某些特性。

　　良好的加工性能——木塑复合材料内含塑料和纤维，因此，具有同木材相类似的加工性能，可锯、可钉、可刨，使用木工器具即可完成，且握钉力明显优于其他合成材料。机械性能优于木质材料。其握钉力一般是木材的 3 倍，是刨花板的 5 倍。

　　良好的强度性能——木塑复合材料内含塑料，因而具有较好的弹性模量。此外，由于内含纤维并经与塑料充分混合，因而具有与硬木相当的抗压、抗弯曲等物理机械性能，并且其耐用性明显优于普通木质材料。其表面硬度高，一般是木材的 2～5 倍。

　　具有耐水、耐腐性能，使用寿命长——木塑材料及其产品与木材相比，可抗强酸碱、耐水、耐腐蚀，并且不繁殖细菌，不易被虫蛀、不长真菌。其使用寿命长，可达 50 年以上。

　　优良的可调整性能——通过助剂，塑料可以发生聚合、发泡、固化、改性等改变，从而改变木塑材料的密度、强度等特性，还可以达到抗老化、防静电、阻燃等特殊要求。

　　紫外线光稳定性、着色性良好。其最大优点就是变废为宝，并可 100％ 回收再生产。其可以分解，不会造成"白色污染"，是真正的绿色环保产品，并可以根据需要，制成任意形状和尺寸大小。

　　原料来源广泛——生产木塑复合材料的塑料原料主要是高密度聚乙烯或聚丙烯，木质纤维，也可以是木粉、谷糠或木纤维，另外还需要少量添加剂和其他加工助剂。

3.1.3　冈蒂斯装饰板

　　冈蒂斯装饰板（图 3-3）是由多种无机材料经高温高压制成的，面层采用特殊工艺涂覆高性能涂层，色彩丰富，质感多样，可展现多种装饰效果，是一种新型的装饰材料。

　　冈蒂斯装饰板表面涂层有氟碳涂层、陶瓷涂层、高级树脂涂层等，表面的质感有木纹、石纹、浮雕、雕刻、桔纹等。

　　冈蒂斯装饰板不含石棉，具有耐候、防火、防水、防霉、抗风、抗紫外线、抗渗漏、抗冲击、耐磨、耐腐蚀、耐刻划等优点。

图 3-3　冈蒂斯装饰板

第 2 节　新型地板的构造及性能

3.2.1　纳碳木发热地板

纳碳木地板的发热原理是将非金属材料以分子形式采用科技手段打入木纤维中，均匀地分布于整块木板中，分子与分子之间相互做布朗运动，摩擦散发出对人体有益的远红外线，达到发热取暖的效果。

纳碳木的制作原理，使得其地板有与众不同的优势：

（1）自发热地板中不夹入任何金属材料，没有电磁辐射，可以直接切割、穿击，击穿后仍然可以正常发热。

（2）自发热地板，在通过无甲醛实验前提下，拥有浸渍剥离实验专利，即纳碳木在不使用黏合剂的前提下（木板甲醛主要来源黏合剂），将纳碳木发热地板用高压锅高压加热后，再冷却，再高压加热，再冷却，自发热地板因为未含任何金属导电材料，所以不怕水，不怕漏电，不怕电磁辐射，不会有噪声，不会起翘变形。而这一点，在木地板中加纤维丝、加碳晶膜/片的发热地板，是做不到的（图 3-4）。

纳碳木是一种以现代电子科技材料与化学材料技术为手段，与各类传统木质材料进行融合和纤维复合所产生的一种全新材料。当冬季需要其发热制暖时，木制品在电能的驱动下将源源不断地向外空间持续散发 40℃左右的非可见远红外光，与冬季太阳光的主要成分一致，隐形、温暖、舒适、健康。

3.2.2　软木地板

软木地板（图 3-5）被称为"地板金字塔尖上的消费"。与实木地板比较，其具有更好的环保性、隔声性，防潮效果也更好，能带给人极佳的脚感。软木地板可分为粘贴式软木地板和锁扣式软木地板。软木地板可以由不同树种的不同颜色，做成不同的图形，例如NBA 球场地面上各个主场的 logo 都不一样。软木地板具有柔软、舒适、抗疲劳的良好特性。每一个软木细胞就是一个封闭的气囊，受到外来压力时细胞会缩小，内部压力升高，

图 3-4　纳碳木发热地板

图 3-5　软木地板

失去压力时，细胞内的空气压力会将细胞复原，软木的这种回弹性可大大降低由于长期站立对人体背部、腿部、脚踝造成的压力，同时有利于老年人膝关节的保护，对于意外摔倒可起缓冲作用，可最大限度地降低对人体的伤害程度。软木地板具有比较好的防滑性，防滑的特性与其他地板相比也是它的最大特点。软木地板防滑系数是 6，老人在上面行走不易滑倒，增加了使用的安全性。软木地板是业内公认的静音地板，因为软木比较软，走在上面就像走在沙滩上一样非常安静。从结构上来讲，因为软木本身是多面体的结构，像蜂窝状，有 50% 充满了空气，人走上去就像踩在空气上面，感觉很软。

3.2.3　石塑地板

石塑地板又称之为石塑地砖，正规的名称应该是"PVC 片材地板"（图 3-6），是一种高科技研究开发出来的新型地面装饰材料。其采用天然大理石粉构成高密度、高纤维网状结构的坚实基层，表面覆以超强耐磨的高分子 PVC 面层，经上百道工序加工而成。其产品纹路逼真美观，超强耐磨，表面光亮而不滑，堪称 21 世纪高科技新型材料的典范。

图 3-6　石塑地板

PVC 地板分为卷材和片材，石塑地板属于 PVC 地板的一个分类，石塑地板专指片材。其从结构上主要分为同质透心片材、多层复合片材、半同质透心片材；从形状上分为方形材和条形材。

（1）同质透心片材，即从面到底，从上到下，都是同一种花色；

（2）多层复合片材，即由多层结构叠压形成，一般包括高分子耐磨层（含 UV 处理）、印花膜层、玻璃纤维层、基层等；

（3）半同质透心片材，即在同质透心片材的表面加入了一层耐磨层，以增加其耐磨性及耐污性；

（4）方形材，即规格为方形，常规的规格有：$12'' \times 12''$（304.8mm×304.8mm），$18'' \times 18''$（457.2mm×457.2mm），$24'' \times 24''$（609.6mm×609.6mm）；

（5）条形材，即规格为长条形，常规的规格有：$4'' \times 36''$（101.6×914.4mm），$6'' \times 36''$（152.4×914.4mm），$4'' \times 46''$（100×1200mm），$8'' \times 36''$（203.2×914.4mm）。其厚度均为：1.2～5.0mm，厚度越厚的产品，其各方面性能越好。

与其他地面装饰材料相比，石塑地板有以下几大优点：

（1）绿色环保。生产石塑地板的主要原料是天然石粉，经国家权威部门检测是绿色环保的新型地面装饰材料。合格的石塑地板需要经过 ISO9000 国际质量体系认证以及 ISO14001 国际绿色环保认证。

（2）超轻超薄。石塑地板只有 2～3mm 厚，仅 2～3kg/m^2 重，不足普通地面材料的 10%。在高层建筑中对于楼体承重和空间节约，有着无可比拟的优势，同时在旧楼改造中也有特殊的优势。

（3）超强耐磨。石塑地板表面有一层特殊的经高科技加工的透明耐磨层，其耐磨转数可达 300000 转。传统地面材料中较为耐磨的强化木地板耐磨转数一般仅有 13000 转，好的强化地板也仅有 20000 转。表面特殊处理的超强耐磨层充分保证了地面材料的优异耐磨性能。石塑地板表面的耐磨层根据厚度的不同在正常情况下可使用 5～10 年，耐磨层的厚度及质量直接决定了石塑地板的使用时间，标准测试结果显示 0.55mm 厚的耐磨层地面可以在正常情况下使用 5 年以上，0.7mm 厚的耐磨层地面足以使用 10 年以上。因为具有超强的耐磨性，所以在人流量较大的医院、学校、办公楼、商场、超市、交通工具等场所，石塑地板越来越受到欢迎。

（4）高弹性和超强抗冲击。石塑地板质地较软，其脚感舒适被称之为"地材软黄金"，同时石塑地板具有很强的抗冲击性，对于重物冲击破坏有很强的弹性恢复，不会造成过多损坏。优异的石塑地板能最大限度地降低地面对人体的伤害，并可以分散对足部的冲击，有研究表明，在人流量较大的空间铺装了优异的石塑地板后，其人员摔倒及受伤的比率较其他地板减少了近 70%。

（5）超强防滑。石塑地板表层的耐磨层有特殊的防滑性，而且与普通的地面材料相比，石塑地板在粘水的情况下脚感更涩，更不容易滑倒。所以在公共安全要求较高的场所如机场、医院、幼儿园、学校中其为优秀的地面装饰材料。

（6）防火阻燃。质量合格的石塑地板防火指标可达 B1 级，仅次于石材。

（7）防水防潮。石塑地板主要成分是乙烯基树脂，和水无亲和力，所以不怕水，只要不是长期被浸泡就不会受损，且不会因为湿度大而发生霉变。

（8）吸音防噪。石塑地板有普通地面材料无法比拟的吸音效果，其吸音度可达 20dB，所以在需要安静的环境，如医院病房、学校图书馆、报告厅、影剧院等中选石塑地板，可以提供更为舒适、更加人性化的生活环境。

（9）抗菌性能。一些性能优异的石塑地板表面还增加了抗菌剂，对绝大多数细菌都有较强的杀灭能力和抑制繁殖能力。

（10）接缝小及无缝焊接。特殊花色的石塑地板经严格的施工安装，其接缝小，远观几乎看不见接缝，可使地面的整体效果及视觉效果得到最大限度的优化。

（11）裁剪拼接简单容易。用美工刀即可以任意裁剪，同时可以用不同花色的材料组合，充分发挥设计师的聪明才智，达到理想的装饰效果。

（12）安装施工快捷。石塑地板的安装非常快捷，不用水泥砂浆，地面条件好的用专用环保地板胶粘合，24h 后即可使用。

（13）花色品种繁多。石塑地板的花色品种繁多，如地毯纹、石纹、木地板纹等，可以实现个性化订制。纹路逼真美观，配以丰富多彩的附料和装饰条，能组合出较好的装饰效果。

（14）耐酸碱腐蚀。石塑地板具有较强的耐酸碱腐蚀的性能，可以经受恶劣环境的考验，适合在医院、实验室、研究所等地使用。

（15）导热保暖。石塑地板的导热性能良好，散热均匀，且热膨胀系数小，比较稳定。在欧美以及日韩等国家和地区，石塑地板是地暖导热地板的首选产品，非常适合家庭铺装，尤其适合我国北方寒冷地区。

（16）保养方便。石塑地板的保养方便，其维护次数远远低于其他地板。

（17）环保可再生。石塑地板是能再生利用的地面装饰材料，对于保护地球自然资源和生态环境具有积极意义。

（18）国际流行。石塑地板是当今世界各国使用较为广泛的一种新型地面装饰材料，在欧美市场以及亚太市场广受欢迎，在中国也非常普及，发展前景广阔。

第 3 节　石材、不锈钢蜂窝板等幕墙板的构造和产品性能

3.3.1　大理石

大理石（英文：Marble）原指产于云南省大理的白色带有黑色花纹的石灰岩，其剖面可以形成一幅天然的水墨山水画，古代常选取具有成型的花纹的大理石用来制作画屏或镶嵌画，后来大理石这个名称逐渐发展成称呼一切有各种颜色花纹的，用来做建筑装饰材料的石灰岩。关于大理石的名称，有另一种说法：以前我国大理的大理石质量最好，故得名（图 3-7、图 3-8）。

图 3-7　大理石板材一　　　　　　　　　　　图 3-8　大理石板材二

大理石磨光后非常美观，主要用于加工成各种型材、板材，作建筑物的墙面、地面、台、柱，还常用于纪念性建筑物如碑、塔、雕像等的材料。大理石还可以雕刻成工艺美术品、文具、灯具、器皿等实用艺术品。

大理石是以大理岩为代表的一类岩石，包括碳酸盐岩和有关的变质岩，相对花岗石来说一般质地较软。常见岩石有大理岩、石灰岩、白云岩、夕卡岩等。大理石的品种划分，命名原则不一，有的以产地和颜色命名，如丹东绿、铁岭红等；有的以花纹和颜色命名，如雪花白、艾叶青；有的以花纹形象命名，如秋景、海浪；有的是传统名称，如汉白玉、晶墨玉等。因此，因产地不同常有同类异名或异岩同名现象出现。

我国所产大理石依其抛光面的基本颜色，大致可分为白、黄、绿、灰、红、咖啡、黑色七个系列。每个系列依其抛光面的色彩和花纹特征又可分为若干亚类，如：汉白玉、松香黄、丹东绿、杭灰等。大理石的花纹、结晶粒度的粗细千变万化，有山水型、云雾型、图案型（螺纹、柳叶、文像、古生物等）、雪花型等。现代建筑是多姿多彩不断变化的，因此，对装饰用大理石也要求多品种、多花色，能配套用于建筑物的不同部位。一般对单色大理石要求颜色均匀；彩花大理石要求花纹、深浅逐渐过渡；图案型大理石要求图案清晰、花色鲜明、花纹规律性强。总之，花色美观、便于大面积拼接装饰、能够同花色批量供货为好。

大理石又称"云石"，是重结晶的石灰岩。石灰岩在高温高压下变软，并在所含矿物质发生变化时重新结晶形成大理石。大理石颜色很多，通常有明显的花纹，矿物颗粒很

多，莫氏硬度在 2.5～5 之间。由于大理石一般都含有杂质，而且碳酸钙在大气中受二氧化碳、碳化物、水气的作用，也容易风化和溶蚀，而使表面很快失去光泽。

地壳的内力作用，促使原来的各类岩石发生质的变化，大理石是地壳中原有的岩石经过地壳内高温高压作用形成的变质岩。质的变化是指原来岩石的结构、构造和矿物成分的改变，经过质变形成的新的岩石类型称为变质岩。大理石主要由方解石、石灰石、蛇纹石和白云石组成，其主要成分以碳酸钙为主，约占 50％以上。其他还有碳酸镁、氧化钙、氧化锰及二氧化硅等。大理石一般性质比较软，这是相对于花岗石而言的。

世界天然大理石产量以荒料开采量计，同其他行业相比，发展速度较快。

欧洲石材生产在世界生产中一直处于领先地位，但其产量在世界总产量中所占的比例已从过去的 77％降至 1997 年的 52.6％。意大利的石材年开采量虽然依旧保持在世界第一的位置，但其产量在世界石材总产量中所占比例一直在下降。

我国大理石矿产资源极其丰富，储量大、品种多，总储量居世界前列。据不完全统计，初步查明国产大理石有近 400 余个品种，其中比较名贵的有如下几种：

- 纯白色：北京房山汉白玉；安徽怀宁和贵池白大理石；河北曲阳和涞源白大理石；四川宝兴蜀白玉；江苏赣榆白大理石；云南大理苍山白大理石；山东平度和莱州雪花白等。
- 纯黑色：广西桂林的桂林黑；湖南邵阳黑大理石；山东苍山墨玉、金星王；河南安阳墨豫黑等。
- 红色：安徽灵璧红皖螺；四川南江的南江红；河北涞水的涞水红和阜平的阜平红；辽宁铁岭的东北红等。
- 灰色：浙江杭州的杭灰；云南大理的云灰等。
- 黄色：河南淅川松香黄、松香玉和米黄；四川宝兴黄线玉等。
- 绿色：辽宁丹东的丹东绿；山东莱阳的莱阳绿和栖霞的海浪玉；安徽怀宁的碧波等。
- 彩色：云南的春花、秋花、水墨花；浙江衢州的雪夜梅花等。
- 青色：四川宝兴的青花玉。
- 黑白：湖北通山黑白根。

大理石是天然建筑装饰石材的一大门类，用于装饰的大理石可分两大类：天然大理石和人工大理石。天然大理石质地坚硬、颜色变化较多、深浅不一、有多种光泽，故形成独特的天然美。人造大理石比天然大理石重量轻、强度高、厚度薄、耐腐蚀、抗污染、有较好的加工性，能制成弧形、曲面等，施工方便，但在色泽和纹理上不及天然大理石美丽、自然柔和（图 3-9）。

1. 评价方法

（1）选好等级：根据规格尺寸允许的偏差、平面度和角度允许的公差以及外观质量、表面光洁度等指标，大理石板材分为优等品、一等品和合格品三个等级；大理石板材的定级、鉴别主要是通过仪器、量具的检测。

（2）检查外观质量：不同等级的大理石板材的外观有所不同，这是因为大理石是天然形成的，缺陷在所难免。同时加工设备和量具的优劣也是造成板材缺陷的原因，如有的板材的板体不丰满（翘曲或凹陷），板体有缺陷（裂纹、砂眼、色斑等），板体规格不一（如

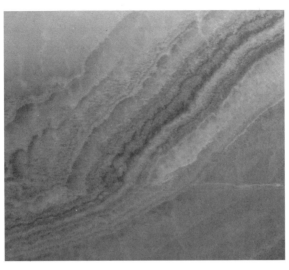

图 3-9　云南大理苍山产的大理石

缺棱角、板体不正）等。按照国家标准，各等级的大理石板材都允许有一定的缺陷。

（3）挑选花纹色调：大理石板材色彩斑斓，色调多样，花纹无一相同，这正是大理石板材名贵的原因所在。色调基本一致、色差较小、花纹美观是优良品种的具体表现，否则会严重影响装饰效果。

（4）检测表面光泽度：大理石板材表面光泽度的高低会极大影响装饰效果。一般来说，优质大理石板材的抛光面应具有镜面一样的光泽，能清晰地映出景物。但不同品质的大理石由于化学成分不同，即使是同等级的产品，其光泽度的差异也会很大。当然同一材质不同等级之间的板材表面光泽度也会有一定差异。此外，大理石板材的强度、吸水率也是评价大理石质量的重要指标。

2. 辐射问题

长期以来，人们误以为大理石都会有辐射，事实上，大理石的放射性很弱，基本不会对人体造成伤害。

大理石有辐射是事实，应该说任何石头都有辐射，对于大理石的放射性，国家建材局标准化研究所专家认为，在自然界中，天然放射性是客观存在的，同样，天然石材产品中也存在放射性，关键是看其是否超过了国家规定的标准。大理石是由沉积岩中的石灰岩经高温高压等外界因素影响变质而成，由于其组成的方解石和白云石的放射性一般都很低，所以由放射性很低的石灰岩变质而成的大理石，放射性也很低。

3. 特性优点

（1）不变形：岩石组织结构均匀，线性膨胀系数极小，内应力已完全消失，不变形。

（2）硬度高：刚性好，硬度高，耐磨性强，温度变形小。

（3）使用寿命长：不必涂油，不易粘微尘，维护、保养方便简单，使用寿命长。

（4）不会出现划痕：不受恒温条件限制，在常温下也能保持其原有物理性能。

4. 用途介绍

随着经济的发展，大理石应用范围不断扩大，用量也越来越大，在人们生活中起着重

图3-10　大理石装饰柱

要作用。特别是近年来随着大理石的大规模开采、工业化加工、国际性贸易，使大理石装饰板材大批量地进入建筑装饰装修业，大量用于公共建筑物和家庭的装饰（图3-10）。

3.3.2　洞石

洞石因石材的表面有许多孔洞而得名，其石材的学名是凝灰石或石灰华。洞石属于陆相沉积岩，是一种碳酸钙的沉积物。由于在堆积的过程中有时会出现孔隙，同时由于其自身的主要成分又是碳酸钙，自身就很容易被水溶解腐蚀，所以这些堆积物中会出现许多天然的无规则的孔洞。商业上，将其归为大理石类。

人类对该石材的使用年代久远，最能代表罗马文化的建筑——角斗场就是洞石应用的代表作。

洞石一般有米黄洞石和白洞石之分，颜色有深浅两种，有的称黄窿石、白窿石，英文名称为Travertine。除此之外，其颜色还有绿色、白色、紫色、粉色、咖啡色等多种，通常有罗马洞石、伊朗洞石和产自土耳其等地的洞石。罗马洞石颜色较深，纹理较明显，材质较好；质地正常的洞石颜色较浅，质地酥松，强度较差。该类石材可以被抛光，具有明显的纹理特征，弯曲强度呈各向异性，垂直纹理方向（强向）的弯曲强度在6MPa左右，部分超过7MPa；平行纹理方向（弱向）的弯曲强度为4MPa左右，材质和花纹不同有时在5MPa左右；乱纹方向介于其中，此时的纹理在厚度方向。

洞石的色调以米黄居多，使人感到温和，质感丰富，条纹清晰，使得所装饰的建筑物具有强烈的文化和历史韵味。由美国贝聿铭建筑事务所设计的位于北京西单路口的中国银行大厦的内外装修，就选择了意大利罗马洞石。

洞石不叫作大理石，是因为它的质感和外观与传统意义上的大理石截然不同，装饰界索性就约定俗成称为洞石。关于它的形成一般认为是在大气条件下从含碳酸盐泉水（通常是热泉）中沉淀而生成的一种钙质材料。具体的形成是含有二氧化碳的循环地下水带走了溶液中大量的钙质碳酸盐，当地下水到达泉水表面时，一些二氧化碳释放出来并凝聚在钙质碳酸盐的沉积层中，形成了少见的气泡（孔洞），从而生成了洞石。和海洋中的石灰石沉淀不同的是，洞石大多在河流或湖泊、池塘里快速沉积而成，这一快速的沉积使有机物和气体不能释放，从而出现美丽的纹理，但不利的是它也会产生内部裂隙的分层，使它在与纹理方向一致的强度削弱。洞石因为有孔洞，它的单位密度并不大，适合用作覆盖材料，而不适合作建筑的结构材料、基础材料。人们曾用洞石大量作为建筑的基础材料和结构材料，但有了混凝土后，就不多用了。

洞石本身的真密度是比较高的，但是由于存在大量孔洞使得本身体积密度偏低、吸水率升高、强度下降，因此物理性能指标低于正常的大理石标准。由于其同时还存在大量的纹理、泥质线、泥质带、裂纹等天然缺陷，使得这种材料的性能均匀性很差。尤其是弯曲强度的分散性非常大，大的弯曲强度可以到十几兆帕，小的不到 1 兆帕，有的在搬运的过程中就会发生断裂，易造成事故。

　　天然缺陷也是造成这种材料的抗冻性能差的主要原因，许多样品在 25 个冻融循环性能还未结束时就已经冻裂成了一堆碎石。该类石材属于碳酸盐结构的石灰岩，耐酸性较差，用在亚洲的一些污染较重地区，酸雨侵蚀会很严重，会加速石材的破坏。

　　诸多原因使得这种材料使用在墙面，尤其是干挂方法大面积用在外墙，具有极高的风险。试想上万块重达几十公斤到上百公斤的石块高高地悬挂在半空，难免会有个别未被发现而存有问题的板材，在酸雨侵蚀、风吹日晒等外界因素作用下，随时都会有坠落的可能，石材工程也存在极大的安全隐患。因此这类工程需要从生产企业、施工企业、监理单位到工程甲方的通力合作，严格把关，增加防范措施，以确保工程万无一失。

　　孔洞问题是洞石的天然特征，也是其安全性能的弱点。因此，在室外使用时一定要选择合适的粘结剂材料进行补洞，同时应选择适宜的防护剂做好防护，才能有效地缓解恶劣气候造成的影响。洞石本身所含的孔洞大的有十几厘米，小的只有不到 1 毫米，石材生产企业在毛板补胶时会对大的孔洞用石砾和胶粘剂进行修补，对背面的小洞会通过粘结背网进行填充，一般会留下正面和侧面的小孔。使用时要特别注意在干挂槽和背栓孔附近不得有较大的孔洞或用胶粘剂填充的孔洞。

　　尽管目前我国相关的施工规范中不支持像洞石这类石材用在外墙干挂工程中，但出于商业的需求，越来越多的建筑工程使用了洞石。在使用洞石时，应经过专家的技术核准，在足够的安全考虑和设计的基础上，通过严格质量把关降低安全风险。只有如此，洞石才可以很好地在建筑物的装饰上应用，使这一古老的建筑材料大放光彩（图 3-11）。

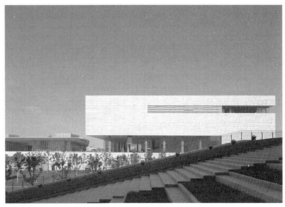

图 3-11　天津美术馆实景图——国内最大洞石幕墙系统

　　继西单中国银行大厦使用洞石之后，洞石便在国内装饰中掀起了一片使用热潮。而这样的热潮绝不是偶然的结果，是洞石的几大优势所决定的：

　　（1）洞石的岩性均一，质地软硬度小，非常易于开采加工，密度小，易于运输，是一种用途很广的建筑石料；

　　（2）洞石具有良好的加工性、隔声性和隔热性，可深加工应用，是优异的建筑装饰材料；

　　（3）洞石的质地细密，加工适应性高，硬度小，容易雕刻，适合用作雕刻用材和异型用材；

（4）洞石的颜色丰富，纹理独特，更有特殊的孔洞结构，有着良好的装饰性能，同时由于洞石天然的孔洞特点和美丽的纹理，也是做盆景、假山等园林用石的好材料。

天然洞石纹理清晰、温和丰富的质感，源自天然，却超越天然。出来的成品，疏密有致、凹凸和谐，仿佛刚刚从泥土里活过来，在纹路走势、纹理的质感上，深藏着史前文明的痕迹。但它的总体造型又可以用"现代时尚"来形容，能凸现一种大师级的设计风范，将尊荣、典雅、顶级的产品特质表现得淋漓尽致，因此深受众多建筑师们喜爱。

洞石的清洗步骤：

（1）先用真空吸尘器清洁洞石

清洁安装在浴室和厨房的洞石首先可使用真空吸尘器，因为考虑到时间问题，有时不能仔细清洁洞石之间的小孔隙，只能吸取碎片、灰尘和皮屑，但这是必要的第一步。

（2）稀释天然石材清洁剂

用未经稀释的天然石材清洁剂清洗洞石，是一个新手最容易犯的错误。这一做法将导致洞石变色且变得很难看。应该遵循制造商的说明及瓷砖不同程度的染色和污染程度，用温水稀释清洁剂后进行清洗，这一过程可能需要重复多次。

（3）晾干

在阳光充足的地区，可让洞石自然风干。在其他地区则应手动擦干，避免水珠和水渍的形成。

3.3.3　砂岩

砂岩是一种沉积岩，由石英颗粒（砂子）形成，结构稳定，通常呈淡褐色或红色，主要成分为石英（含量在52％以上）、黏土（含量在15％左右）、针铁矿（含量在18％左右）、其他物质（含量在10％以上）（图3-14）。

砂岩是源区岩石经风化、剥蚀、搬运在盆地中堆积形成。岩石由碎屑和填隙物两部分构成。碎屑常见矿物有石英、长石、白云母、方解石、黏土矿物、白云石、鲕绿泥石、绿泥石等。填隙物包括胶结物和碎屑杂基两种组分。常见胶结物由硅质和碳酸盐质胶结；杂基成分主要指与碎屑同时沉积的颗粒更细的黏土或粉砂质物。

砂岩在沉积岩中的分布仅次于泥岩，约占沉积岩的三分之一，是最主要的油气和水的储集岩之一。

砂和砂岩可用作磨料、玻璃原料和建筑材料。一定产状的砂层和砂岩中富含砂金、锆石、金刚石、钛铁矿、金红石等砂矿。砂岩作为天然建筑材料，厚重大气、立体感强、触感细腻，特别适用于居室和办公室墙画的装饰。

世界上已被开采利用的有澳洲砂岩，印度砂岩，西班牙砂岩，中国砂岩等。其中色彩、花纹最受建筑设计师所欢迎的则是澳洲砂岩。澳洲砂岩是一种生态环保石材，其产品具有无污染、无辐射、无反光、不风化、不变色、吸热、保温、防滑等特点。

中国的砂岩的品种非常多，主要集中在四川、云南和山东，同时河北、河南、山西、陕西等也有，但是产品知名度不高，影响力较小。

四川砂岩属于泥砂岩，其颗粒细腻，质地较软，非常适合作建筑装饰用材，特别是用作雕刻用石。而且因为四川的地质比较复杂，所以四川的砂岩品种非常多，颜色也最丰富，有红色、绿色、灰色、白色、玄色、紫色、黄色、青色等。但是因为其材质相对较软，且交通不便，矿区开采方式也比较落后，所以四川砂岩基本供给的是条板，无法提供1m以上的大板，但假如在少量供应的情况下，矿区可采用圆盘锯翻切的方式进行供给，不过破损率较高，价格较贵（图 3-12）。

图 3-12　砂岩板材

　　云南砂岩同四川砂岩一样同属泥砂岩，颗粒细腻，质地较软。但是因为形成的地质条件不同，云南砂岩相对四川砂岩而言，纹理更漂亮，有自己的风格特点。云南砂岩的颜色也很丰富，常见的有黄木纹砂岩、山水纹砂岩、红砂岩、黄砂岩、白砂岩和青砂岩。因为云南的砂岩行业起步较早，开采加工技术相对较高，能供给 1m 以上的大板，不过因为泥砂岩质地较软，应用上会受到限制，一般也以规格板为主。

　　山东砂岩属于海砂岩，结构颗粒比较粗，硬度比较大，但是比较脆。山东砂岩基本都能切成 1.2m 以上的大板，有些甚至能被用做台面板，很多也可以做成 1cm 的薄板。由于其硬度大，所以能进行几乎所有类型的表面加工。山东砂岩的颜色相对较少，主要有红色、黄色、绿色、紫色、咖啡色、白色。山东砂岩基本都是带纹路的，就连所谓的白砂岩和紫砂岩也并非全是纯色，白砂岩带有暗纹，紫砂岩带有白点。

砂岩是使用最广泛的一种建筑用石材。几百年前用砂岩装饰而成的建筑至今仍熠熠生辉，如巴黎圣母院、罗浮宫、美国国会大楼等。砂岩典雅的气质以及坚硬的质地使其成为当前热门的建筑材料，被追随时尚和自然的建筑设计师所推崇，广泛地应用在商业装饰和家庭装修中。

砂岩产品有砂岩圆雕，浮雕壁画，雕刻花板，艺术花盆，雕塑喷泉，风格壁炉，罗马柱，门窗套，线条，镜框，灯饰，拼板，梁托，家居饰品，环境雕塑，建筑细部雕塑，园林雕塑，校园雕塑，抽象雕塑，名人雕塑，欧式构件、砂岩板、镂空柱、镂空花板、塑模假山、景观雕塑（装饰雕塑、水景雕塑）等。

所有砂岩产品均可以按照要求任意着色、彩绘、打磨明暗、贴金，并可以通过技术处理使作品表面呈现出龟裂、自然缝隙等真石效果。砂岩产品完全由无机材料人工合成，属于绿色环保产品。

随着人们生活水平和艺术品位的提高，雕刻艺术品已广泛应用在大型公共建筑、别墅、酒店宾馆的装饰、园林景观及城市雕塑中。

1. 砂岩分类

（1）按直径分类

按砂粒的直径可划分为：巨粒砂岩（1～2mm）、粗粒砂岩（0.5～1mm）、中粒砂岩（0.25～0.5mm）、细粒砂岩（0.125～0.25mm）、微粒砂岩（0.0625～0.125mm），以上各种砂岩中，相应粒级含量应在50％以上。

（2）按岩石类型分类

按岩石类型可划分为：石英砂岩（石英和各种硅质岩屑的含量占砂级岩屑总量的95％以上）和石英杂砂岩、长石砂岩（碎屑成分主要是石英和长石，其中石英含量低于75％、长石含量超过18.75％）和长石杂砂岩、岩屑砂岩（碎屑中石英含量低于75％，岩屑含量一般大于18.75％，岩屑与长石比值大于3）和岩屑杂砂岩。

（3）按形成方式分类

岩石依不同的形成方式，可粗略分为三类：火成岩、沉积岩和变质岩。

火成岩包括火山岩，流纹岩，粗面岩，响岩，英安岩，安山岩，粗安岩，玄武岩，浅成岩，斑岩，霏细岩，细晶岩，伟晶岩，玢岩，粒玄岩，煌斑岩，深成岩，花岗岩，正长岩，二长岩，花岗闪长岩，闪长岩，辉长岩，斜长岩，橄榄岩，辉石岩，角闪石岩，蛇纹岩，蛇纹大理岩，碳酸岩。

沉积岩包括碎屑岩，砾岩，角砾岩，砂岩（又分为长石砂岩、杂砂岩），泥岩，页岩，板岩，火山碎屑岩，集块岩，凝灰岩，生物岩，石灰岩，硅藻土，叠层岩，煤炭，油页岩，化学岩，石灰岩，白云岩，燧石。

变质岩包括角页岩，大理岩，石英岩，硅卡岩，云英岩，区域变质岩，千枚岩，片岩，片麻岩，混合岩，角闪岩，麻粒岩，榴辉岩，动力变质岩，糜棱岩。

2. 安装方法

（1）干挂法

1）在墙面上画线；

2）墙上有预埋件的，可焊接角码、主龙骨、次龙骨，用金属挂件安装；没有预埋件的，可使用化学锚栓安装主龙骨，然后安装次龙骨，用金属挂件安装人造砂岩；

3）最后密封缝隙。

（2）粘贴法（直接安装法，安装高度通常很低，≤2m）

1）拌合胶粘剂，用齿形抹刀在人造砂岩背面抹好胶，在放好线的墙面上粘贴人造砂岩石；

2）从下至上安装，干燥后，美化缝隙。

3. 砂岩的优点

1）砂岩隔声、吸潮、抗破损，户外不风化，水中不溶化、不长青苔、易清理等。

2）砂岩是一种无光污染、无辐射的优质天然石材，对人体无放射性伤害；其防潮、防滑、吸声、吸光、无味、无辐射、不褪色，与木材相比，具有不开裂、不变形、不腐烂的特点。

3）砂岩安装简单，只要用云石胶就能把雕刻品固定在墙上。产品可与木作装修有机连接，背景造型的空间发挥余地更大，克服了传统石材安装程序的烦琐，减少了安装成本。装饰好的房子无须增加其他工序就能直接把雕刻品安装上墙。

4）砂岩是一种暖色调的装饰用材，素雅、温馨，又不失华贵；其具有石的质地，木的纹理，还有壮观的山水画面，色彩丰富，贴近自然，在众多的石材中独具一格，被称为"丽石"。

以前，砂岩在建筑用途上范围较小，这是由于采石场的切割机和加工机械设备比较落后。最近几年，这些情况得到改善，凭借高水平的加工技术，市场可根据顾客对色彩的要求向顾客提供高质量的产品。砂岩应用广泛，甚至有人认为"人能想到的地方，它都可用到"（图 3-13）。

图 3-13　外墙砂岩板装饰

4. 储存和维护

（1）污垢不仅有碍美观，而且含有让砂岩变质的侵蚀性化学成分。施工期间和保养期间产生的污垢，必须区别对待。一般来说，预防比清洗更重要，日常长期维护效果要好于突击性清洗。可以通过正确的设计和选用合适的材料，小心施工和定期维护来减少和防止污垢产生。

（2）制品进行平面加工时，在对外倾斜的墙帽石块、利用墙壁洞穴排水部分、水路流入狭窄处的结构部分，水流流过混凝土、玻璃或其他建材表面及流至砂岩表面时极易对砂岩制品造成污染。在特殊环境下，应该选择与石材性质相匹配的材料。例如，作为墙壁内衬使用时，必须对电梯的正面及升降开关附近、家具等进行防护。不兼容材料之间的组合容易产生污染。

（3）从储存到施工结束期间，石材必须尽可能用塑料层或防污罩布覆盖，应控制整个过程可能会因外界或人体接触造成内外部污染的风险。应尽可能将石材与污染源隔离，经常清除石材上的污垢。在受污染区域，可利用适当的涂料和建筑用清洗剂清洗污渍。对石材进行清洗时，应该适度，防止对环境和作业人员产生危害或对石材本身造成损耗。

5. 注意事项

（1）不可直接用水冲洗

天然石材和天然木材一样，是一种会呼吸的多孔材料，因此很容易吸收水分或经由水溶解而遭受污染。石材若吸收过多的水分，不可避免地会造成各种石材病变，如崩裂、风化、脱落、浮起、吐黄、水斑、锈斑、白华、雾面等。因此，石材应避免用水直接冲洗或用过湿拖把洗石材表面。

（2）不可接触非中性物品

所有石材均怕酸碱。例如，酸常造成花岗石中硫铁矿物氧化而产生吐黄现象，酸会分解大理石中所含的碳酸钙，造成表面被侵蚀状况；碱也会侵蚀花岗石中长石及石英矽化物结晶之晶界而造成晶粒剥离的现象。

（3）不可随意上蜡

市场上的蜡种类繁多，有水性蜡、感触脂酸蜡、油性蜡、亚克力蜡等。这些蜡基本上都含酸碱物质，不但会堵塞石材呼吸的毛细孔，还会沾上污尘形成蜡垢，造成石材表面产生黄化现象。倘若在行人及货物流通频率极高的场所上蜡时，则必须请专业保养公司指导用蜡及保养。

（4）不可乱用非中性清洁剂

一般清洁剂均有酸碱性，若长时间使用不明成分的清洁剂，将会使石材表面光泽尽失，同时非中性药剂的残留也是日后产生石材病变的主因。

（5）不可长期覆盖地毯、杂物

为保持石材呼吸顺畅，应避免在石材面上长期覆盖地毯及杂物，否则石材下湿气无法通过石材毛细孔挥发出来，石材会因湿气过重，含水量增高而产生石材病变，如一定要铺设地毯，堆置杂物，要常翻动，保持其干净清洁。

6. 保养措施

（1）使用结晶液让大理石面再结晶、使用抛光粉让大理石或花岗石面再生光泽、使用透气性的光泽保护剂等，均可让石材保新。

（2）立即清除污染。所有石材均具有天然毛细孔，污染源（油、茶水、咖啡、可乐、酱油、墨汁等）会很容易顺着毛细孔渗透到石材内部，形成令人讨厌的污渍。因此，一定要选择品质优良的石材专用防护剂施作在石材上，防止污染源污染石材。所有防护剂均不可能完全阻绝污染，一旦有污染源倒在石材上一定要立即清除，以防止渗入石材毛细孔内。

（3）常保持通风干燥。石材安装的环境湿度不可太大，水气会对石材产生水化、水解及碳酸作用，使石材产生水斑、白化、风化、剥蚀、锈黄等各种病变，损坏石材。因此，石材安装出口处要常保持通风干燥。

（4）定期作防护处理。要阻绝水和污染源的渗透，延长石材寿命一定要定期（视石材种类及防护剂品质，最好是 1～3 年做 1～2 次处理）对石材实施防护处理。防护剂的品质一定要特别注意，一定要能维持石材的透气性及防水性、防污性，绝不可使用来路不明的防护剂，以免达不到防护效果（图 3-14）。

图 3-14　砂岩浮雕

3.3.4　不锈钢幕墙板

不锈钢板一般是不锈钢板和耐酸钢板的总称。不锈钢板于 21 世纪初问世，其为现代工业的发展和科技进步奠定了重要的物质技术基础。

1. 分类

不锈钢板钢板种很多，性能各异，它在发展过程中逐步形成了几大类。

（1）按组织结构，可分为奥氏体不锈钢板、马氏不锈钢板（包括沉淀硬化不锈钢板）、铁素体不锈钢板、奥氏体加铁素体双相不锈钢板四大类。

（2）按钢板中的主要化学成分或钢板中的一些特征元素，可分为铬不锈钢板、铬镍不锈钢板、铬镍钼不锈钢板以及低碳不锈钢板、高钼不锈钢板、高纯不锈钢板等。

（3）按钢板的性能特点和用途，可分为耐硝酸不锈钢板、耐硫酸不锈钢板、耐点蚀不锈钢板、耐应力腐蚀不锈钢板、高强不锈钢板等。

（4）按钢板的功能特点，可分为低温不锈钢板、无磁不锈钢板、易切削不锈钢板、超塑性不锈钢板等。

（5）按制作方法可分热轧和冷轧两种。

（6）按钢种的组织特征，可分为奥氏体型、奥氏体-铁素体型、铁素体型、马氏体型、沉淀硬化型 5 种。

现常用的分类方法是按钢板的组织结构特点和钢板的化学成分特点以及两者相结合的方法分类。它一般分为马氏体不锈钢板、铁素体不锈钢板、奥氏体不锈钢板、双相不锈钢板和沉淀硬化型不锈钢板等或分为铬不锈钢板和镍不锈钢板两大类。其典型用途为沿海区域建筑物外部用材。

不锈钢的耐腐蚀性主要取决于它的合金成分（铬、镍、钛、硅、铝、锰等）和内部的组织结构。

不锈钢板表面光洁，有较高的塑性、韧性和机械强度，耐酸、碱性气体、溶液和其他介质的腐蚀。它是一种不容易生锈的合金钢，但也不是绝对不生锈。

2. 性能

（1）耐腐蚀性

不锈钢板具有与不稳定的镍铬合金 304 相似的抵挡一般腐蚀的能力。在一定程度的温度范围中的长时间加热可能会影响合金 321 和 347 在恶劣的腐蚀介质中的耐蚀性。

（2）高温抗氧化性

不锈钢板都具有高温抗氧化性，但是也会受暴露环境以及产品形态等固有因素的影响。

3. 标识方法

（1）编号和表示方法

1）用国际化学元素符号和本国的符号来表示化学成分，用阿拉伯字母来表示成分含量；如：12CrNi3A。

2）用固定位数数字来表示钢类系列或数字；如：300 系、400 系、200 系。

3）用拉丁字母和顺序组成序号，只表示用途。

（2）我国的编号规则

1）采用元素符号。

2）用途、汉语拼音编号。如平炉钢用 P；沸腾钢用 F；镇静钢用 B；甲类钢用 A；

◆ 合结钢、弹簧钢，如：20CrMnTi 60SiMn（用万分之几表示 C 含量）。

◆ 不锈钢、合金工具钢（用千分之几表示 C 含量），如：1Cr18Ni9 千分之一（即 0.1％C）；不锈钢 C≤0.08％，如：0Cr18Ni9；超低碳 C≤0.03％，如：0Cr17Ni13Mo。

（3）国际不锈钢标示方法

美国钢铁学会是用三位数字来标示各种标准级的可锻不锈钢的。其中：

1）奥氏体型不锈钢用 200 和 300 系列的数字标示。

2）铁素体和马氏体型不锈钢用 400 系列的数字表示。例如，某些较普通的奥氏体不锈钢，是以 201、304、316 以及 310 为标记。

3）铁素体不锈钢是以 430 和 446 为标记，马氏体不锈钢是以 410、420 以及 440C 为标记。

4）沉淀硬化不锈钢以及含铁量低于 50％的高合金钢通常是采用专利名称或商标命名。

（4）分类和分级

1）分级

①国家标准 GB；②行业标准 YB；③地方标准；④企业标准 Q/CB。

2）分类

①产品标准；②包装标准；③方法标准；④基础标准。

3）水平分级（分三级）

①Y 级：国际先进水平；②I 级：国际一般水平；③H 级：国内先进水平。

4）国标中的分级

① GB 1220—84　不锈棒材（I 级），GB 4241—84　不锈焊接盘圆（H 级）；

② GB 4356—84 不锈焊接盘圆（Ⅰ级），GB 1270—80 不锈管材（Ⅰ级）；

③ GB 12771—91 不锈焊管（Y级），GB 3280—84 不锈冷板（Ⅰ级）；

④ GB 4237—84 不锈热板（Ⅰ级），GB 4239—91 不锈冷板（Ⅰ级）。

4. 常用不锈钢表面处理技术

不锈钢具有独特的强度、较高的耐磨性、优越的防腐性且不易生锈，故广泛应用于化工行业、机电行业、环保行业、家用电器行业，特别是建筑室内外装饰及家庭装修中大量应用不锈钢可给予人们以华丽高贵的感觉（图 3-15～图 3-18）。不锈钢的应用发展前景会越来越广，但不锈钢的应用发展很大程度上取决于它的表面处理技术发展程度。

图 3-15 不锈钢雕花

图 3-16 拉丝不锈钢板

图 3-17 不锈钢板喷砂

图 3-18 不锈钢板彩色电镀

常用不锈钢表面处理技术有以下几种处理方法：表面本色白化处理；表面镜面光亮处理；表面着色处理。

（1）表面本色白化处理

不锈钢在加工过程中，经过卷板、扎边、焊接或者经过人工表面火烤加温处理，会产生黑色氧化皮。这种坚硬的灰黑色氧化皮主要是 $NiCr204$ 和 NiF 两种 E04 成分，以前一般采用氢氟酸和硝酸进行强腐蚀方法去除。但这种方法成本大，污染环境，对人体有害，腐蚀性较大，已逐渐被淘汰。目前，氧化皮处理方法主要有两种：

1）喷砂（丸）法：主要是采用喷微玻璃珠的方法，除去表面的黑色氧化皮。

2）化学法：使用一种无污染的酸洗钝化膏和常温无毒害的带有无机添加剂的清洗液进行浸洗，从而达到不锈钢本色的白化处理目的。这种方法对大型、复杂产品较适用。

（2）不锈钢表面镜面光亮处理方法

根据不锈钢产品的复杂程度和用户要求情况，可分别采用机械抛光、化学抛光、电化学抛光等方法来达到镜面光泽的目的。

（3）表面着色处理

不锈钢着色不仅赋予不锈钢制品各种颜色，增加了产品的花色品种，还提高了产品耐磨性和耐腐蚀性。

不锈钢着色方法有以下几种：化学氧化着色法，电化学氧化着色法，离子沉积氧化物着色法，高温氧化着色法，气相裂解着色法。

各种方法简单概况如下：

1）化学氧化着色法：是在特定溶液中，通过化学氧化形成膜的颜色，有重铬酸盐法、混合钠盐法、硫化法、酸性氧化法和碱性氧化法等。一般"茵科法"（INCO）使用较多，不过要想保证一批产品色泽一致的话，必须用参比电极来控制。

2）电化学氧化着色法：是在特定溶液中，通过电化学氧化形成膜的颜色。

3）离子沉积氧化物着色法：是将不锈钢工件放在真空镀膜机中进行真空蒸发镀。例如：镀钛金的手表壳、手表带，一般是金黄色。这种方法适用于大批量产品加工，但因为投资大，成本高，小批量生产产品不划算。

（4）高温氧化着色法：是在特定的熔盐中浸入工件，保持一定的工艺参数，使工件形成一定厚度氧化膜，使其呈现出各种不同色泽。

（5）气相裂解着色法：较为复杂，在工业中应用较少。

5. 不锈钢板的强度设计值应按表3-1采用。

不锈钢板的强度设计值   表 3-1

序号	屈服强度标准值 $\sigma 0.2$	抗弯、抗拉强度 $fts1$	抗剪强度 $fvs1$
1	170	154	120
2	200	180	140
3	220	200	155
4	250	226	176

3.3.5 陶瓷薄板

陶瓷薄板（图3-19）是一种新型材料，目前广泛应用于建筑外墙及室内装饰中。

图 3-19　陶土薄板样品

建筑陶瓷薄板（简称陶瓷板或薄瓷板）是一种由陶土、矿石等多种无机非金属材料，经成型、1200℃高温煅烧等生产工艺制成的厚度不大于 6mm，单边尺寸不小于 900mm，单板面积不小于 $1.62m^2$，吸水率小于等于 0.6％的板状陶瓷制品（符合国家标准《陶瓷板》GB/T 23266—2009 的要求）。目前，市面上主流的陶瓷薄板规格为 900mm×1800mm×5.5mm，其面重量为 $12.5kg/m^2$。

陶瓷薄板概念是在 20 世纪 80 年代由日本最早提出。2002 年，意大利 Systen 公司首创陶瓷薄板技术，开始实现陶瓷薄板的工业化生产。除意大利外，2006 年西班牙也开始掌握了相关的技术，之后欧美其他发达国家也都相继推出陶瓷薄板。国内研制开发陶瓷薄板也有近十年的历史，由于核心技术掌握在西方发达国家手里，直至 2007 年国内才成功地将其工业化生产。陶瓷薄板被列入了国家"十一五"重点科技推广项目，2008 年中国建材联合会将"大规格陶瓷薄板关键装备、工业技术及产业化"的联合项目评为科技进步一等奖。目前，国内的陶瓷薄板生产技术处于国际顶尖水平，并且在 2010 年参与定制了世界陶瓷薄板标准。陶瓷产品国际标准首次由中国参与制定，标志着中国制造业水平得到了世界的认可。

陶瓷薄板作为幕墙装饰面板（图 3-20）在近几年得到了飞速的发展，近年相继应用在包头国际金融中心、杭州生物技术大厦、长沙温德姆酒店、重庆地铁公司大厦等超高层建筑项目中。2012 年住房和城乡建设部颁布了《建筑陶瓷薄板应用技术规程》JGJ/T 172—2012。新规程中增加了陶瓷薄板应用于幕墙干挂的相关内容，且规定其应用不受高度限制，这使陶瓷薄板在幕墙应用上有据可依，为陶瓷薄板在幕墙应用上铺平了道路。

1. 陶瓷板的分类

（1）按吸水率分为：瓷质板（$E \leqslant 0.5\%$）；炻质板（$0.5\% \leqslant E \leqslant 10\%$）；陶质板（$E > 10\%$）。

（2）按表面特征分为：有釉陶瓷板和无釉陶瓷板。

图 3-20　陶瓷薄板幕墙

2. 陶瓷板性能

（1）吸水率

瓷质板吸水率平均值：$E \leqslant 0.5\%$；单值：$E \leqslant 0.6\%$；

炻质板吸水率平均值：$0.5\% \leqslant E \leqslant 10.0\%$；单值：$E \leqslant 11.0\%$；

陶质板吸水率平均值：$E > 10.0\%$；单值：$E \leqslant 9.0\%$。

（2）破坏强度和断裂模数

破坏强度和断裂模数应符合表 3-2 的规定。

破坏强度和断裂模数　　　　　　　　　　　　　　　表 3-2

产品类别		破坏强度（N）	断裂模数（MPa）
瓷质板	厚度 $d \geqslant 4.0$mm	≥800	平均值≥45
	厚度 $d < 4.0$mm	≥400	单　值≥40
炻质板		≥750	平均值≥40 单　值≥35
陶质板	厚度 $d \geqslant 4.0$mm	≥600	平均值≥40 单　值≥35
	厚度 $d < 4.0$mm	≥400	平均值≥30 单　值≥25

（3）抗热震性

经抗热震性试验应无裂纹或剥落。

（4）抗釉裂性

有釉陶瓷板经抗釉裂性试验后，釉面应无裂纹或剥落。

（5）抗冻性

用于受冻环境的陶瓷板应进行抗冻试验，经抗冻试验后应无裂纹或剥落。

（6）光泽度

抛光瓷质板光泽度不小于 55（注：仅适用于有镜面效果的抛光瓷质板，不包括半抛光和局部抛光的瓷质板）。

（7）耐化学腐蚀性

经耐家庭化学剂和游泳池盐类耐化学腐蚀性试验后，无釉陶瓷板应不低于 UB 级，有釉陶瓷板应不低于 GB 级。

制造商应报告产品耐低浓度酸和碱的耐化学腐蚀性的级别。

若陶瓷板有可能在受腐蚀环境下使用时，应进行耐高浓度酸和碱的耐化学腐蚀性试验，并报告结果。

（8）弹性限度：不小于 12mm。

3. 陶瓷薄板幕墙特点

（1）全球首创的"薄、轻、大"无机陶瓷薄板，既秉承了无机材料的优势性能，又摒弃了石材、水泥制板、金属板等传统无机材料厚重、高碳的弊端。

（2）材料整体及其应用系统达到 A_1 级防火要求，完全满足日趋严格的设计、使用防火要求。

（3）化工色釉与天然矿物经 1200℃ 高温烧成，可实现天然石材等各种材料的 95％ 仿真度，质感好、色泽丰富，不掉色、不变形。

（4）断裂模数≥50MPa，破坏强度≥800N，吸水率≤0.5％，各项材料性能远超其他同类材料。

4. 陶瓷薄板幕墙施工工艺

从施工工艺上讲，陶瓷类幕墙安装通常有铺贴与干挂两种方式。抗震设防烈度不大于8 度、粘贴高度不大于 24m 的室外墙面等饰面使用的是墙面湿挂铺贴，可广泛应用于各类公共建筑、居住建筑。湿挂铺贴用的是专门的胶粘剂，由专门的施工队伍进行铺贴。而超过 24m 的各类公共建筑、居住建筑以及高层、超高层建筑物的幕墙则使用干挂技术；陶瓷类幕墙干挂发展到现在有插销式、开槽式、背栓式、保温装饰一体化四种。插销式由于安全性能差已被淘汰。开槽式分为通槽与背槽两种方式，需要安装龙骨，加大了建筑物承重。背栓式则分为背栓龙骨干挂、背栓无龙骨干挂和背栓无龙骨挂贴三种，是应用比较广泛的一种干挂技术。保温装饰一体化幕墙是薄板幕墙的最新技术，是采用已加工好的保温装饰一体化成品板，通过专用配件和专用粘结砂浆直接将成品板固定在基层墙体上，在全球推广建筑节能的今天，这种安装方式是当前行业的大势所趋（图 3-21）。

图 3-21 陶瓷板幕墙干挂

3.3.6 陶土板

陶土板又称陶板，是以天然陶土为主要原料，不添加任何其他成分，经过高压挤出成型、低温干燥并经过1200～1250℃的高温烧制而成，具有绿色环保、无辐射、色泽温和、不会带来光污染等特点。陶土板在经过煅烧出炉的时候，会有激光质量检测仪进行检测，不合格的产品直接回收再次进行加工，合格的产品经定尺切割、包装后供应市场。

1. 分类

（1）按照结构，陶土幕墙产品可分为单层陶土板、双层中空式陶土板及陶土百叶。双层陶土板的中空设计不仅减轻了陶土板的自重，还提高了陶土板的透气、隔声和保温性能；

（2）按照表面效果分为自然面、砂面、槽面及釉面。

2. 制备

陶土板以城建废弃土、水泥弃块及瓷渣、石粉等无机物为原料，经分类混合、复合改性，在光化异构及曲线温度下成型，不含放射性物质。陶土板的颜色是陶土经高温烧制后的天然颜色，通常有红色、黄色、灰色三个色系，颜色非常丰富，能够满足建筑设计师和业主对建筑外墙颜色的选择要求。陶土板的自然质感及其稳定的陶土颜色极大地激发了业主和建筑设计师的兴趣。

3. 陶土板幕墙

（1）幕墙排水

陶土板幕墙的排水利用了等压雨幕原理，其导水板系统及封闭竖缝的安装方法可以阻止幕墙表面沉积物的形成，从而保持幕墙表面的美观整洁。

（2）幕墙历史

陶土板幕墙最初起源于德国。Thomas Herzog教授于20世纪80年代最初设想将屋顶瓦应用到墙面，但其最终根据陶瓦的挂接方式，发明了用于外墙的干挂体系和幕墙陶土板，并由此成立了一个专门生产陶土板的工厂。1985年第一个陶土板项目在德国慕尼黑落成，在随后的几年中，陶土板逐渐完善了挂接方式，由木结构最终发展出两大幕墙结构系统（有横龙骨系统和无横龙骨系统）。

中国的陶土板市场供应有很长一段时间完全依赖从海外进口，代价是运输成本高，供货周期长，且安装技术服务难以及时到位，制约了陶土板在中国的推广使用。从2006年开始，国内开始自主研发、生产陶土板。虽然国内之前在陶土板生产领域几乎是一片空白，但2008年后中国的陶土板生产商已经能够向市场供应成熟产品（图3-22、图3-23）。

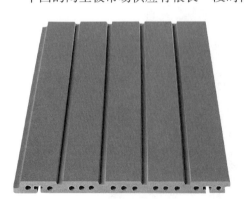

图 3-22 陶土板产品

4. 幕墙安装

陶土板进入中国以后，由于中国与欧洲的台风气候及地震条件不同，国内的陶土板技术专家对幕墙体系进行了技术革新，推出了更为适合中国环境的陶土板幕墙体系。综合来看，

黑色　　　　　咖啡色　　　　　灰黄色

灰黑色　　　　　巧克力色　　　　　橘黄色

火山灰　　　　　天然红　　　　　杏黄色

长城灰　　　　　珊瑚红　　　　　象牙黄

浅灰色　　　　　浅红色　　　　　米白色

图 3-23　陶土板的颜色

中国陶土板幕墙具有以下特征：

（1）提供了开放式和密闭式两种防水系统解决方案。

1）开放式

开放式安装根据等压雨幕原理进行拼接设计，具有很好的防水功能。在接缝处不用打密封胶，可以避免陶土板受污染而影响外观效果。

2）密闭式

密闭式安装采用陶土板专用密封胶嵌缝，系统的防水功能得到更好的保障。陶土板背后形成密闭的空气层，使其具有更好的保温节能功效。

（2）增加了安装垫片。

陶土板和挂接件、挂接件与横梁之间以柔性绝缘垫片隔开，提高了系统的抗震性能，可解决不同金属材质之间的电解腐蚀，并可消除噪声和变形。

（3）可用于外墙保护。

陶土板继承了陶土的稳定特性，其作为建筑幕墙材料，可保护建筑结构墙体免受恶劣天气和空气污染的侵蚀。

1）减少建筑维护成本；

2）延长建筑结构的使用寿命。

（4）可实现保温隔声。

双层陶土板具有空腔的结构，安装时陶土板背部留有一定的空间，可有效降低传热系数。整个幕墙体系可以起到保温和隔声，降低建筑能耗，节约能源的作用。

（5）被通风效果明显。

建筑的湿气可以在透过建筑墙体后被流动的空气带走，避免产生冷凝水，使建筑外墙保持干燥。

（6）抗风压及抗震性能好。

经过改进的陶土板系统，提高了陶土板幕墙抗震性能，特别适合有抗风压及抗震要求的建筑。

（7）安装了竖缝胶条。

封闭式安装竖缝选用 EPDM 胶条，具有防水、防侧移、防撞三重功能，可防止大量的水进入陶土板内侧，防止陶土板侧向移位，避免相邻陶土板之间碰撞。

（8）排水系统完善。

开放式幕墙系统在每个窗口的上方、左右两侧均安装有导水板。大面积的陶土板幕墙每三个楼层设置一道导水板，该导水板可将陶土板内侧的冷凝水和从安装缝中渗入的微量水导流到幕墙外侧。

（9）自洁功能强。

受呼吸作用、毛细作用，水被吸入陶土板内部孔隙，随着温度升高水体积开始膨胀，多余体积的水被排出板外，这个过程中会将表面的灰尘带走，反复的呼吸作用可使陶土表面洁净。无静电陶土金属含量小，表面无游离电离子，不会产生静电，灰尘也不易吸附在表面。

5. 技术参数

陶土板常规厚度为 $15\sim30$mm，常规长度为 300mm、600mm、900mm、1200mm，常规宽度为 200mm、250mm、300mm、450mm。陶土板可以根据不同的安装需要进行任意切割，以满足建筑风格的需要。

◇ 接缝宽度：垂直竖缝 4/8mm，横缝 $6\sim10$mm；

◇ 透气缝隙：2mm；

◇ 吸水率：$6\%\sim10\%$；

◇ 干燥重量：18mm 厚$\leqslant32$kg/m^2，30mm 厚$\leqslant46$kg/m^2；

◇ 系统重量：18mm 厚$\leqslant47$kg/m^2，30mm 厚$\leqslant66$kg/m^2；

◇ 抗冻性：经 100 次循环冻融后无裂缝；

◇ 破坏强度：18mm 厚 4.01kN，30mm 厚 6.64kN；

◇ 防火性能：防火等级为 A_1；

◇ 耐酸碱性：UA 级；

◇ 收缩性：无；

◇ 抗紫外线：优；

◇ 抗震性：超过 10 度抗震设防；

◇ 风压试验：达到 9kPa 无破坏；

◇ 断裂模数：18mm 平均 16.5MPa，最小 14.4MPa；30mm 平均 18.5MPa，最小 18.0MPa；

◇ 声学功能：减少噪声 9dB 以上。

融合高科技与生态学的陶板幕墙系列产品，自 20 世纪 80 年代于欧洲诞生以来便以其独特的人文艺术气息、自然鲜亮的色彩、淳朴耐看的质感以及天然环保、节能降噪的特质而迅速获得建筑师、设计师、业主等各方人士的兴趣和青睐，并逐渐风靡全球。

与传统的幕墙材料相比，陶土板具有其独特的优势。

（1）绿色环保：由 100％的天然纯净紫砂土烧制而成，安全无辐射，可直接回收。

（2）色彩雅致：通体为天然陶土本色，色泽柔和，美观自然，能有效抵抗紫外线的照射，历久常新。

（3）质感淳厚：具有陶土的天然质地，淳厚质朴，无光污染；可与玻璃、金属和木材搭配使用。

（4）坚固耐用：1200℃高温烧制，理化性能稳定；安装结构严谨，抗震性能好，抗风荷载能力强。

（5）安装方便：可单片更换，随意切割；设计成熟先进，结构简洁合理，安装简易方便。

（6）耐火阻燃：紫砂土本身阻燃性强，经高温煅烧更加耐火。

（7）保温节能、隔声降噪：陶板内部为中空结构，可以有效阻隔热传导，隔离外界噪声。

3.3.7　纤维水泥板

纤维水泥平板是以有机合成纤维、无机矿物纤维或纤维素纤维为增强材料，以水泥或水泥中添加硅质、钙质材料代替部分水泥为胶凝材料（硅质、钙质材料的总用量不超过胶凝材料总量的 80％），经成型、蒸汽或高压蒸汽养护制成的板材（图 3-24）。

图 3-24　纤维水泥平板

无石棉纤维水泥板是用非石棉类纤维作为增强材料制成的纤维水泥平板，制品中石棉成分含量为零。

幕墙中一般选用高密度无石棉纤维水泥板做面板（图 3-25）。

1. 纤维水泥板的分类

（1）无石棉纤维水泥板的产品代号为：NAF。

（2）根据密度分为三类：低密度板（代号 L）、中密度板（代号 M）、高密度板（代号 H）。

图 3-25　纤维水泥板幕墙

1）低密度板仅适用于不受太阳、雨水和（或）雪直接作用的区域。

2）高密度板及中密度板适用于可能受太阳、雨水和（或）雪直接作用的区域。交货时可进行表面涂层或浸渍处理。

2. 纤维水泥板的等级

纤维水泥板根据抗折强度分为五个强度等级：Ⅰ级、Ⅱ级、Ⅲ级、Ⅳ级、Ⅴ级。

3. 纤维水泥板性能

（1）物理性能

无石棉纤维水泥板的物理性能应符合表 3-3 的规定。

无石棉板的物理性能　　　　　　　　表 3-3

类别	密度(D)(g/cm³)	吸水率(%)	含水率(%)	不透水性	湿涨率(%)	不燃性	抗冻性
低密度	0.8≤D≤1.1	—	≤12	24h 检验后允许板反面出现湿痕，但不得出现水滴	压蒸养护制品≤0.25;蒸汽养护制品≤0.5	GB 8624—2012 不燃性 A 级	—
中密度	1.1<D≤1.4	≤40	—				—
高密度	1.4<D≤1.7	≤28	—				经 25 次冻融循环，不得出现破裂、分层

（2）力学性能

无石棉纤维水泥板的力学性能应符合表 3-4 的规定。

无石棉纤维水泥板的力学性能　　　　　　　　表 3-4

强度等级	抗折强度(MPa)	
	气干状态	饱水状态
Ⅰ级	4	—
Ⅱ级	7	4

续表

强度等级	抗折强度（MPa）	
	气干状态	饱水状态
Ⅲ级	10	7
Ⅳ级	16	13
Ⅴ级	22	18

注：1. 蒸汽养护制品试样龄期不小于 7d；

　　2. 蒸压养护制品试样龄期为出釜后不小于 1d；

　　3. 抗折强度为试件纵、横向抗折强度的算术平均值；

　　4. 气干状态是指试件应存放在温度不低于 5℃、相对湿度（60±10）％的试验室中，当板的厚度≤20mm 时，最少存放 3d，而当板厚度＞20mm 时，最少存放 7d；

　　5. 饱水状态是指试件在 5℃ 以上水中浸泡，当板的厚度≤20mm 时，最少浸泡 24h，而当板厚度＞20mm 时，最少浸泡 48h。

3.3.8　幕墙用高压热固化木纤维板

建筑幕墙用高压热固化木纤维板（图 3-26）是由普通型或阻燃型高压热固化木纤维芯板与一或两个装饰面层在高温高压条件下固化粘结形成的板材（注：高温高压工艺指固化温度≥120℃，压强≥7MPa）。

普通型高压热固化木纤维芯板是由树脂与木纤维的混合物，在高温高压工艺下固化并黏结在一起的板材。

阻燃型高压热固化木纤维芯板是由阻燃型树脂与木纤维的混合物，在高温高压工艺下固化并黏结在一起的板材。

1. 幕墙用高压热固化木纤维板分类及代号

（1）按形状划分，可分为：

1）平板，代号：PB；

2）转角板，代号：ZJB。

（2）按装饰面数量划分，可分为：

1）单面板，代号为 DM；

2）双面板，代号为 SM。

（3）按照燃烧性能划分，可分为：

1）普通板，代号为 PT；

2）阻燃板，代号为 ZR。

2. 幕墙用高压热固化木纤维板性能

（1）理化性能

建筑幕墙用高压热固化木纤维板的理化性能应符合表 3-5 的规定。

（2）燃烧性能

燃烧性能要求应符合表 3-6 的规定。

图 3-26　固化木纤维板幕墙

高压热固化木纤维板的理化性能　　　　　　　　　　　　　　　表 3-5

项　目		单位	要　求
密　度		kg/m³	≥1300
吸水率		%	≤1.0
弹性模量		MPa	≥9000
弯曲强度		MPa	≥80
湿循环性能		MPa	弯曲强度≥80
		%	吸水厚度膨胀率≤0.5
		—	表面无裂纹、无鼓包、无龟裂，颜色和光泽无变化
表面耐划痕性能		—	≥1.0N，表面无整圈划痕
尺寸稳定性		mm/m	≤5
表面耐污染腐蚀性能		—	表面无污染、无腐蚀
抗冲击性能	表面状况	—	表面无污染、无龟裂
	压痕直径	mm	单个值≤6
人工气候老化性能（氙弧灯）[a]			暴露表面无裂纹、无鼓包、无龟裂、色泽、光泽均匀；与存放样品相比，颜色无明显变化
抗气候激变性能[b]	表面质量	—	试件表面无龟裂、无鼓包和分层
	弯曲强度	MPa	经试验后试件的弯曲强度应不小于存放样品的 95%，且应不小于 76

注：a 适合年累计辐照能不超过 6000MJ/m² 的地区；
　　b 抗气候激变性能仅适用于建筑气候严寒地区和寒冷地区。

高压热固化木纤维板的燃烧性能　　　　　　　　　　　　　　　表 3-6

项　目	要　求	
	普通型	阻燃型
燃烧性能等级	不低于 D 级	不低于 B 级
产烟附加等级	不低于 s_2 级	不低于 s_2 级
燃烧滴落物附加的等级	不低于 d_1 级	不低于 d_1 级
产烟毒性附加等级	—	不低于 t_1 级

3.3.9　不锈钢蜂窝板

不锈钢蜂窝板是由表板采用拉丝不锈钢板或者镜面不锈钢板，背板采用镀锌钢板，芯材采用铝蜂窝芯，经过专用粘合剂复合而成的板材（图 3-27）。

不锈钢蜂窝板特性：

（1）轻便、安装负荷低；

（2）单块面积大，平整度极高、不易变形，安全系数高；

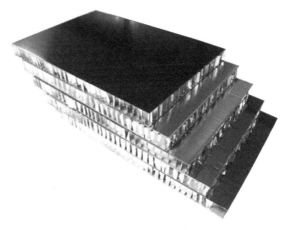

图 3-27　不锈钢蜂窝板

（3）有很好的隔声、保温性能；

（4）成本低，质量好，比 2mm 不锈钢单板价格低，平整度要比 3mm 不锈钢单板还高；

（5）具有很强的耐腐蚀性。

3.3.10　UHPC 超高性能混凝土板

UHPC 超高性能混凝土板，英文名称：Ultra-High Performance Concrete，简称 UH-PC 超高性能混凝土板，具有卓越的高强、高耐久性及生态环保功能。UHPC 材料融结构与功能于一体，集科技、绿色和艺术于一身，具有丰富的美学表现力，能展示出丰富的表面肌理和独具创意的外形特征，可广泛应用于城市公共建筑、文化艺术建筑、旅游地标建筑外立面和屋顶，以及室内景观和空间装饰等，可以满足建筑师个性化设计风格的特殊要求。

1. UHPC 的特性

UHPC 是一种高强度、高韧性、孔隙率低的超高强水泥基材料。其基本原理是：通过提高组织成分的细度与活性，不使用粗骨料，使材料内部的孔隙与微裂缝减到最少，以获得超高强度与高耐久性。

（1）高强、防火、抗爆，抗冰雹，抗化学腐蚀：UHPC 的性能卓越，轻质高强，无需另加钢筋等支撑，能够实现更薄界面、更长跨距，轻质优雅，更具创新性。

（2）高耐久性：UHPC 在冻融循环、海洋环境、硫铝酸盐侵蚀、弱酸侵蚀和碳化下，能够长时间阻止各种有毒有害物质渗透到基体内部，同时产品具有自愈能力，防水效果好。

（3）美观性：UHPC 能够实现建筑的优雅造型和丰富的颜色质地与效果。

（4）延展性：水泥基材料与金属纤维、有机纤维的结合实现了抗压强度和抗折强度的有机平衡。

（5）可持续性：UHPC 能够降低建筑成本、模具成本、劳动力成本和维修成本等，提高建筑场地的安全性、建造速度。

2. UHPC 技术指标

见表 3-7。

UHPC 技术指标　　　　　　　　　　　　　　　　　　表 3-7

类别	抗压强度（MPa）	抗弯强度（MPa）	密度（t/m³）
建筑应用	120～150	15～25	2.2～2.35

3. UHPC 颜色与表面

（1）颜色可依据色卡打样，或根据具体的项目设计要求定制（图 3-28）

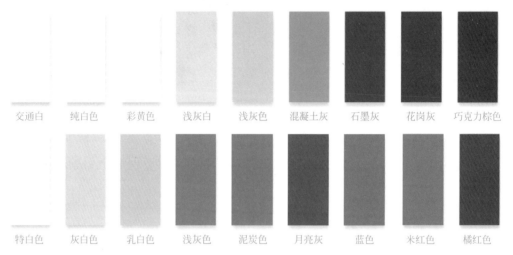

图 3-28　参考打样色卡

（2）表面肌理可根据具体项目需求定制（图 3-29）

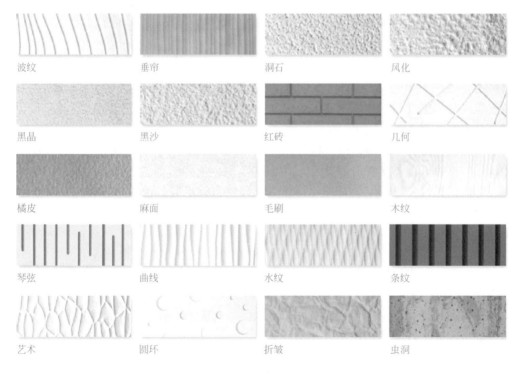

图 3-29　表面肌理

（3）案例（图 3-30）

图 3-30　上海音乐学院歌剧院内外装饰和屋面 UHPC 板

3.3.11　ASLOC 挤塑成型水泥板

ASLOC 挤塑成型水泥板是以水泥、硅酸盐以及纤维质为主要原料的绿色新型墙体材料，属于中空型条板形状水泥预制板构件，用先进挤塑成型工艺预制，并通过二次高温高压蒸汽养护最终成型。

1. ASLOC 挤塑成型水泥板特性

（1）尺寸

ASLOC 板规格齐全，最长可达 5m，标准宽度为 1000mm（最宽可达 1200mm）。大尺寸可以减少墙面的拼缝，增强视觉效果。

（2）强度

其强度高、刚性强，能够支撑很大的跨度，可以节省安装中的用钢量。

（3）耐候性

ASLOC 板材质紧密，表面吸水率低，不需要做防水处理。同时由于其吸水率低，有很强的抗冻融性，使用寿命长、性能稳定。

（4）耐火性

ASLOC 板是一种不燃材料，不管是作为外墙还是内隔墙均能达到相应的耐火极限的要求。

（5）隔声性

ASLOC 板为中空结构，从低音声域到高音声域都具有良好的隔声性能。

（6）经济性

由于 ASLOC 板为中空结构，板材重量轻，所以不需要大型的起重机械即可施工，还能够减轻建筑物的结构和基础的负载。

（7）装饰效果多样性

ASLOC 素面板表面光滑、质感自然，可直接使用，可施以涂料装饰或直接贴瓷砖及其他陶瓷类装饰材料，也可以通过改变模具或借助滚压工艺实现各种浮雕的装饰效果。

（8）环保性

ASLOC 板不含石棉，是绿色环保制品。

图 3-31 挤塑成型水泥遮阳板

2. 注意事项

（1）不得将 ASLOC 板作为承重墙的主要结构体和混凝土模板来使用。此外，不宜在承受过大集中荷载和冲击荷载的场所使用，因 ASLOC 板的损坏，可能会引发重大问题。

（2）长期直埋土内或与水交接的湿润处不宜使用 ASLOC 板，在 ASLOC 板中空部分不能积水，应设置排水路线。如 ASLOC 板长时间在湿润状态下，会导致耐久性低下。

（3）关于 ASLOC 板的长度，应根据设计荷载在允许范围内使用。如超过允许范围，ASLOC 板会发生损坏，因弯曲导致开裂，使雨水渗入。

（4）关于设置开口，应做好板材分割调整，尽量不开在 ASLOC 板中央部位。

华南理工大学计算中心采用了托举的安装方式，将挤塑成型水泥遮阳板垂直悬挂于玻璃幕墙之上（图 3-31）。

第 4 节　光电幕墙板、铝芯复合板的构造和特性

3.4.1　光电幕墙板

太阳能是一种取之不尽、用之不竭的能源。为了把太阳能转换成不占空间的可利用的洁净能源，专业人员通过实验研究，将光电技术与幕墙系统技术科学地结合在一起，研发出了光电幕墙板系统。

光电板，也称"太阳能光电板"，是光电幕墙的基本组件（图 3-32），是将光能转换成电力的器件。它不需燃料，不产生废气，无余热，无废渣，无噪声污染，可通过太阳能光电池和半导体材料对自然光进行采集、转化、蓄积、变压，最后接入建筑供电网络，为建筑提供可靠的电力支持，使光电幕墙本身产生效益，并可节省传统的建筑外装饰材料。

光电幕墙系统是一种集发电、隔声、隔热、装饰等功能于一体，把光电技术与幕墙技术相结合的新型功能性幕墙，代表着幕墙技术发展的新方向。

光电幕墙主要特点：光电幕墙具有将光能转化为电能的功能，实现光电转换的关键部件是光电模板。光电模板背面可衬以不同颜色，以适应不同的建筑风格。其特殊的外观具有独特的装饰效果，可赋予建筑物鲜明的时代色彩。目前，许多工程已经成功应用太阳光伏电源系统，实现了由节能向创造能源的巨大转变。

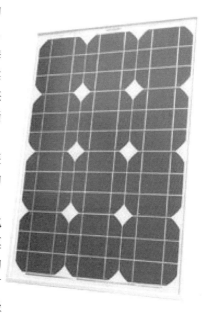

图 3-32　光电板

光电幕墙的基本单元为光电板，而光电板是由若干个光电电池进行串、并联组合而成的电池阵列，把光电板安装在建筑幕墙相应的结构上就组成了太阳光伏电源系统。太阳光伏电源系统的立柱和横梁一般采用铝合金龙骨；光电模板要便于更换。

3.4.2　铝芯复合板

铝芯复合板又称为结构式铝板，是一种夹层结构的蜂窝型复合材料（图 3-33），是航空、航天材料在建筑领域的应用。其由上下两层铝板通过胶粘剂或胶膜与铝蜂窝芯复合而成，没有铝蜂窝板的昂贵的价格，却比铝蜂窝板更坚固，质量更稳定。其构成均为金属材质，无塑料成分，完全环保且达到 A 级防火，同时具有铝塑板简易加工的特性。其具有三

图 3-33　铝芯复合板

维物理结构，铝材用量少，比铝单板更轻，板面却更平整，可进行多样化外观效果选择，不论是仿石纹，仿木纹或是拉丝镜面，皆可完美展现。

铝芯复合板生产成套设备将面板、芯板、底板进行复合，芯板上有若干凸起，凸起靠近面板的一端为封闭状，凸起靠近底板的一端为敞口状，所述凸起的规格小于面板和底板的长宽规格，且所述凸起为彼此之间呈非接触状态的空心筒体。铝芯复合板的剥离强度高，面板或底板的外侧还可依次叠靠另一结构相同的芯板和第四层板，各方向上的抗弯应力都较强。凸起的布置方式和规格大小，足以使得沿复合板的长宽方向均呈光的非通透状态。这样，可进一步增强木板各方向上的抗弯应力。上述凸起为球缺状空心筒体，其封闭端的端面形状、敞口端的开口形状均为椭圆形，凸起的截面形状为封闭端小、敞口端大的等腰梯形。由于铝芯复合板是由多功能复合板生产成套设备以流水线方式产出，所以生产效率较高，单位面积的重量较轻，成本较低，应用领域较为宽泛。

为达铝芯复合板中的三维结构芯层要求，芯层铝材必须具备柔韧性，方便加工，固型后又必须具备刚性强度。

铝芯复合板 61M2gQVj 基材组成为合金铝板，推荐涂层为 TiO_2 涂层，若需其他色系，可选用 PVDF 涂层或木纹膜涂层颜色［数个常规色（见专用色卡）］，也可参考 RAL 色卡进行调色，定制加工。铝芯复合板宽度有 1220mm、1570mm（大宽幅）两种，长度为 2440mm；也可根据设计要求及运输条件定制厚度，有 3mm、4mm、6mm 三种；防火等级：具有防火性能，可达到 A_2 级；应用范围：金属幕墙板、内装墙面集成板、公共建筑物超长（≥6m）条型天花板、功能性（机房、手术室）专用板、船舶内舱专用装饰板等。

铝单板一般采用 2~4mm 厚的 AA1100 纯铝板或 AA3003 的铝合金板，国内一般使用 2.5mm 厚 AA3003 铝合金板；铝塑复合板一般采用 3~4mm 三层结构，包括上下两个 0.5mm 夹着 PVC 或 PE。从材料中可以看出，铝塑复合板的造价要比铝单板的造价低得多。

第5节   仿木纹铝方通、搪瓷钢板等金属制品产品特性

3.5.1   仿木纹铝方通

铝方通分为铝板铝方通和型材铝方通。铝方通表面经过氧化着色或喷涂、焗油等工艺处理，成为仿木纹铝方通或彩色铝方通。仿木纹铝方通、彩色铝方通重量轻，颜色丰富，弧形加工方便，安装拆卸简单，是近几年广泛应用的吊顶材料之一。

仿木纹铝方通（图 3-34）、彩色铝方通具有开放的视野，通风，透气，其线条明快整齐，层次分明，便于空气的流通，排气、散热，也能够使光线分布均匀，可使整个空间宽敞明亮。

仿木纹铝方通、彩色铝方通多用于隐蔽工程繁多、人流密集的公共场所，广泛应用于地铁站、高铁站、车站、机场、大型购物商场、公共卫生间等开放式场所。

3.5.2   搪瓷钢板

搪瓷钢板（图 3-35）是将无机玻璃质材料通过熔融凝于基体钢板上并与钢板牢固结合在一起的一种复合材料。

钢板表面进行瓷釉涂搪可以防止钢板生锈，能使钢板在受热时不在表面形成氧化层并

图 3-34　仿木纹铝方通

图 3-35　搪瓷钢板

且能抵抗各种液体的侵蚀。搪瓷钢板不仅安全无毒，易于洗涤洁净，而且在特定的条件下，瓷釉涂搪在金属坯体上可表现出硬度高、耐高温、耐磨以及绝缘作用等优良性能。另外，瓷釉层还可以赋予钢板美丽的外表。搪瓷钢板的优势使其在隧道、地铁车站装饰工程中得到广泛应用。

第 6 节　液体壁纸漆、纳米涂料、储能发光涂料、质感涂料等性能

3.6.1　液体壁纸漆

液体壁纸漆是一种新型艺术涂料（图 3-36），也称壁纸漆和墙艺涂料，是集壁纸和乳胶漆特点于一身的环保水性涂料。通过各类特殊工具和技法配合不同的上色工艺，液体壁纸漆能使墙面产生各种质感纹理和明暗过渡的艺术效果。液体壁纸漆采用高分子聚合物与

进口珠光颜料及多种配套助剂精制而成，做出的图案不仅色彩均匀、图案完美，而且极富光泽。无论是在自然光下，还是在灯光下都能显示出较好的装饰效果。液体壁纸漆无毒无味、绿色环保、有极强的耐水性和耐酸碱性，不褪色、不起皮、不开裂，能使用 15 年以上。

图 3-36　液体壁纸漆

3.6.2　纳米涂料

纳米涂料（图 3-37）必须满足两个条件：一是涂料中至少有一相的粒径尺寸在 1～100nm；二是纳米相的存在要使涂料的性能明显提高或具有新的功能。因此，并不是添加了纳米材料的涂料就能称之为纳米涂料。

图 3-37　纳米涂料

高科技纳米涂料不仅无毒无害，还可以缓慢释放出一种物质，降解室内甲醛、二甲苯等有害物质。

3.6.3　储能发光涂料

外墙储能发光涂料是特种功能性涂料（图 3-38），可在夜间尽显整栋建筑物的外观造型，具有很好的装饰效果。若这种新型涂料能成功产业化并推广应用在城市各商业区，可以在增强城市夜景装饰的同时，大量减少泛光照明的数量，这样不仅节省了建筑的初期投资，还节省了可观的电力。建筑外墙水性蓄能发光涂料的余辉辉度随光照度提高而增大，并与光照时间长短有关，通常达到饱和状态只需 20min 左右，在光线十分强烈时，10min

图 3-38 储能发光涂料

内即达到饱和。天黑之后，它的余辉辉度在 4h 以内较高，效果明显，然后随着时间的延续逐渐衰减。经检验，该发光涂料的余辉时间可达 14h 以上。此外，对该涂料进行放射性检验，结果属于 A 类，放射性低，可用于各种环境。

3.6.4 质感涂料

质感涂料（图 3-39）的灵感最早来自于希腊半岛上的风格各异的小屋，其在外国已经大量广泛使用，近几年国内的厂商通过技术引进，把质感涂料带到国内建筑行业，立即引起轰动。其纹路朴实、厚重，具有希腊半岛风情，国内厂商引进后，进行了配方的改良使之具有高耐候性，从而符合中国市场的需求。

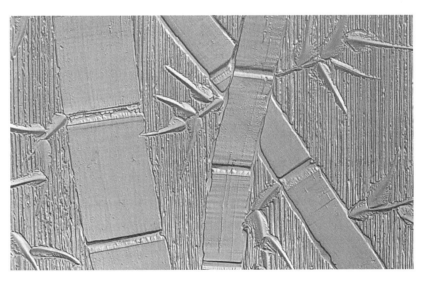

图 3-39 质感涂料

质感涂料以其多变的立体化纹理、多选择的个性搭配，可展现独特的空间视角，丰富而生动，令人耳目一新。

这种新型艺术涂料可以替代墙纸，而且更加环保、经济、个性化。

质感涂料无辐射、自重轻、效果逼真，通过不同的施工工艺、手法和技巧，可创造无穷的特殊装饰效果。

质感涂料主要有弹性质感涂料、干粉质感涂料、湿浆质感涂料等系列，系列不同，达到的效果也不一样。质感涂料主要作用是运用特殊的工具在墙上塑造出不同的造型和图案，使空间更加立体和美观大方。质感涂料具有无辐射、自重轻、防水、透气，抗碱防腐、耐水擦洗、不起皮、不开裂、不褪色等优点。

3.6.5 贝壳粉涂料

贝壳粉涂料（图3-40）是采用天然的贝壳粉为原料，经过研磨及特殊工艺制成，近年来新兴的家装内墙涂料，自然环保是其最重要的优势。

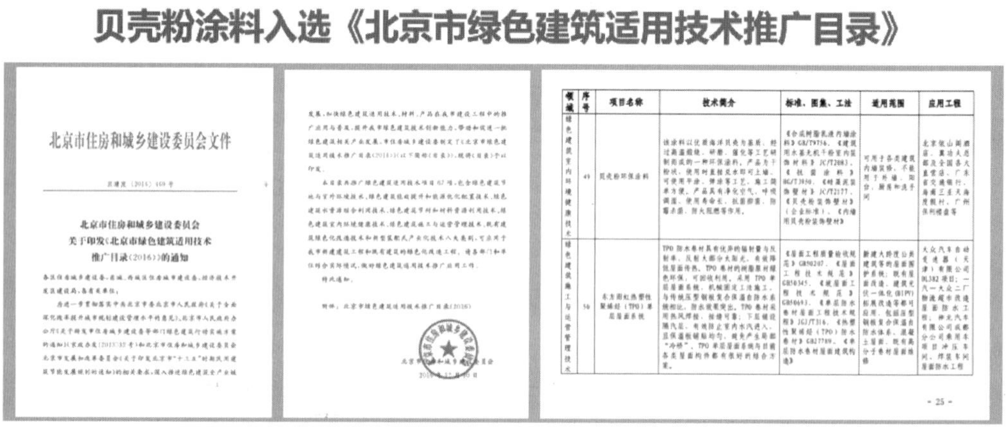

图 3-40 贝壳粉涂料

因为贝壳粉的主要成分为碳酸钙，含少量氧化钙、氢氧化钙等钙化物，钙的化合物在生活中多用于除味剂，其本身又为多孔纤维状双螺旋体结构，所以具有吸附、分解甲醛的功效，同时也能将空气中的有害气体如：苯、TVOC、氨气等进行有效的清除。

贝壳粉的多孔结构有利于制成具有光触媒特性的内墙生态壁材，经过生物活化技术处理的贝壳粉最大地保留了贝壳中的活性因子，替代了传统光触媒的作用。

经过生物活化技术处理的贝壳粉膜对大肠杆菌有极强的抗菌和杀菌作用，另外对沙门氏菌、黄色葡萄糖菌也有显著效。其不仅具有高性能的抗菌性，而且具有防腐、防扁虱的功能。

经过生物活化技术处理的贝壳粉自身为高强度多孔结构，所以有良好的水呼吸功能，在低气压，高湿度状态下墙面不结露，而在干燥环境下，可以将墙内储藏的水分缓缓释放。因此其呼吸功能是室内湿度的调节剂，可防止结露和微生物的产生，所以被誉为"会呼吸"的涂料。

贝壳粉涂料由无机材料组成，因此不会燃烧，如发生火灾，仅会出现熔融状态，不会产生对人体有害的气体烟雾等。

贝壳粉涂料选用无机矿物颜料调色，色彩柔和。当生活在涂覆贝壳粉的居室里时，墙面反射光线自然柔和，人不容易产生视觉疲劳，可有效保护视力，尤其对保护儿童视力效果显著。同时贝壳粉墙面颜色持久，使用高温着色技术，不褪色，墙面长期如新，增加了墙面的寿命，减少了墙面装饰次数，节约了居室成本。

第 7 节　羊皮纸的基本构造

羊皮纸是由皮革制成的薄材料（图 3-41），皮革通常来自小牛皮、山羊皮，最好的羊皮纸称作犊皮纸。羊皮纸是羊（或其他动物）的皮在木框架上张拉到极致，用刀削薄，干燥而成的片状物。羊皮纸与植物纤维缠绕而成的纸有根本的差异，也与"鞣制"工艺制成的皮革制品有所差异。为了使羊皮纸更美观，工匠用特殊的染色方式，将石灰、面粉、蛋清和牛奶混合的薄糊料抹到皮革上，使其光滑和变白。羊皮纸并不总是白色的，也有淡紫色、靛色、绿色、红色和桃色等各种颜色。

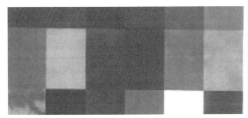

图 3-41　羊皮纸

第 8 节　大理石复合板、石材防护剂的构造和特性

3.8.1　大理石复合板

石材复合板（图 3-42）是由两种及以上不同板材用胶粘剂粘结而成，面材一般为天然大理石材，基材为瓷砖、花岗岩板、玻璃或铝蜂窝板等。

图 3-42　大理石复合板

1. 大理石复合板特点

（1）重量轻、强度高——大理石复合板最薄可达 3～5mm（与铝塑板复合），常用的复合瓷砖或花岗岩板，也只有 12mm 厚左右，质量很轻。对大楼有载重限制的情况下，采用大理石复合板作装饰材料是最佳的选择。天然大理石与瓷砖、花岗岩、铝蜂窝板等复合后，其抗弯、抗折、抗剪切的强度明显得到提高，大大降低了运输、安装、使用过程中的破损率。

（2）抗污染能力提高——普通大理石原板（通体板）在安装过程中或以后使用过程中，如用水泥湿贴，过半年或一年后，大理石表面会出现各种不同的变色和污渍，非常难以去除。复合板因其底板更加坚硬致密，同时还有一层薄薄的胶层，就避免了这种情况的发生。

（3）安装方便——因具备以上特点，其在安装过程中，大大提高了安装效率并保证了施工安全，同时也降低了安装成本。

（4）适用范围广——普通的大理石通体板可用作外墙、地面、窗台、门廊、桌面等部位的装饰。但对于天花板装饰，无论是大理石或是花岗岩，任何一家装饰公司都不敢冒险采用。大理石与铝塑板、铝蜂窝板粘合后的复合板突破了这个石材装饰的禁区，因为它非常轻盈，重量只有通体板的 1/5～1/10，完全可以确保施工后的安全。

（5）隔声、防潮——用铝蜂窝板与大理石做成的复合板，含有等边六边形做成的中空铝蜂芯，拥有隔声、防潮、隔热、防寒的性能，而通体板不具备这些性能。

（6）节能、降耗——石材铝蜂窝复合板因其有防潮、保温的性能，因而，在室内外安装后可较大地降低电能和热能的消耗。

（7）降低成本——因石材复合板较薄较轻，可在运输安装上就节省部分成本，同时对于较贵的石材品种，做成复合板后都不同程度地比原板的成品板成本低。

此外，大理石复合板还解决了天然大理石通体板铺设地面时容易造成空鼓的问题。

2. 大理石复合板的生产工艺较复杂，如图 3-43 简述如下：

（1）先将大理石板两面胶粘在两块花岗岩板（或镜面砖、铝蜂窝板、玻璃板等）中间，形成"三明治"；

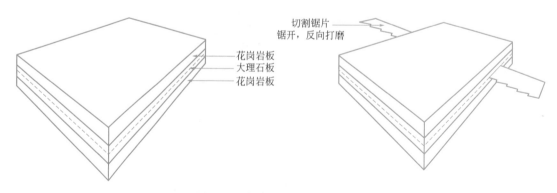

图 3-43　大理石复合板加工工艺

（2）待粘牢固后，上机将大理石板从中间剖切为两块；

（3）分别将一剖为二的大理石面打磨成所需要的光面。

3. 大理石复合板的用途

大理石复合板因其复合的底板不同，性能特点也有较大区别，须根据不同的使用要求和使用部位采用不同底板的复合板。

（1）底板用大理石、瓷砖、花岗石、硅酸钙板的使用范围

用这几种底板复合的大理石复合板与通体板的使用范围相同。如果大楼有特殊的承重限制，这几种复合板重量更轻、强度更高，优势则更明显。

（2）底板用铝塑板的使用范围

因其具有超薄与超轻的性能可适用于墙面与天花板的装饰，在施工过程中要用胶水粘贴；铝蜂窝板的特殊性能使其在外墙、内墙的干挂用途上更加具备发挥的空间，一般用于大型、高档的建筑，如机场、展览馆、五星级酒店等；其可以做成台面板、餐桌与橱柜等，而且还可以做成弧形和圆柱复合板；因其优良的性能，在许多干挂墙面材料的选择上受到设计师的青睐。

因其具有抗弯强度较弱、抗压强度较高的特点，又因其一般用于墙面的装饰，可用干挂安装，也可用特殊胶水粘贴，所以更适应于舰船和游艇的装饰上。

（3）底板用玻璃的使用范围

大理石拥有非常好的透光性，用这些大理石与玻璃复合，可以达到透光的装饰效果；一般使用干挂和镶嵌方式安装，里面也可安装不同颜色的彩灯，再配上音乐，会产生梦幻般的效果；未来还可用在家具上的桌面上。同时，可配上一些夜光材料，在关闭灯光的情况下，仍能发出绚丽的"光"。

（4）底板用复合木板的使用范围

复合木板的品种很多，选择不同的木板作底板，其产品性能也各异，可用在墙面的装饰和各种家具上。

3.8.2　石材防护剂

石材防护剂是一种专门用来保护石材的液体，主要由溶质（有效成分）、溶剂（稀释剂）和少量添加剂组成。石材防护剂可分为防水型和防污型两大类：防水型防护剂能够对石材提供防水保护，防止石材受到水的损害。防污型防护剂能够防止石材受到水和其他液体污物（如：果汁、食油、机油、染料等）的损害和污染。

防水型防护剂：可以阻止水分渗透到石材内部，同时还具有防污（部分）、耐酸碱、抗老化、抗冻融、抗生物侵蚀等功能，如丙烯酸型、硅丙型和有机硅型石材防护剂等。

防污型防护剂：专门为石材表面防污而设计的防护剂，其注重防污性能，其他性能、效果一般，如玻化砖表面防污剂等。

第 9 节　瓷抛砖、石英石砖、薄瓷板新材料的产品性能

3.9.1　瓷抛砖

瓷抛砖（图 3-44）是陶瓷墙地砖的创新品类之一，其表面为瓷质材料，经印刷装饰，高温烧结，表面抛光处理而成。与表面为玻璃质材料（如釉抛砖、抛晶砖等）的陶瓷墙地砖相比，瓷抛砖具有以下特点：

1. 温润质感——瓷质表面温润厚重，表面面料与花岗石、大理石组成类似，但在材质硬度和耐酸性上较普通石材更胜一筹。

图 3-44   瓷抛砖

2. 仿石质感——使用有渗透性的喷墨墨水，在面料中引入助色材料，通过数码喷墨渗透工艺，可使其呈现立体逼真的石质效果。

3. 通体质感——瓷抛砖采用新型装饰工艺与手法，通体一次布料技术，可使产品在外观上具有通体感。

4. 耐磨耐污——通过新材料运用，瓷抛砖与表面为玻璃质材料（如釉抛砖、抛晶砖等）的陶瓷墙地砖相比，具有更高的耐磨特性与耐污性。

3.9.2   石英石砖

石英石砖（图 3-45）是石英含量为 93% 以上的石英石板材之一。石英是一种物理性能和化学性能均十分稳定的矿产，以石英为主要成分生产的石英石板、砖优点明显。

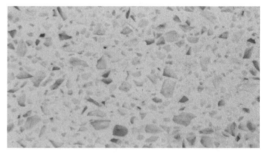

图 3-45   石英石砖

石英石无毒、无辐射，表面光滑、平整无划痕滞留，致密无孔的材料结构使得细菌无处藏身，可与食物直接接触。优质的石英石采用精选的天然石英结晶矿产，其 SiO_2 的含量超过 99.9%，并在制造过程中去杂提纯，原料中不含任何可能导致辐射的重金属杂质。

天然的石英结晶是典型的耐火材料，其熔点高达 1300℃以上。由 94% 天然石英制成的石英石完全阻燃，不会因接触高温而导致燃烧，具备人造石等无法比拟的耐高温特性。

石英石是在真空条件下制造的表里如一、致密无孔的复合材料，其石英表面对酸碱等有极好的抗腐蚀能力。

石英石中石英含量高达 94%，而石英晶体是自然界中硬度仅次于钻石的天然矿产，其表面硬度可高达莫氏硬度 7.5。石英石光泽亮丽的表面经过 30 多道复杂的抛光处理工艺，不会被刀铲刮伤，不会为液体物质渗透，不会产生发黄和变色等问题，日常的清洁只需用清水冲洗即可，无须特别的维护和保养。

3.9.3　薄瓷板

随着社会的加速发展，陶瓷原料资源过度消耗，同时受环保等因素制约，建筑陶瓷企业的生产成本和环保压力必将日益增大，开发和应用"资源节约型、环境友好型"的薄瓷板产品已成为建筑陶瓷产业可持续发展的必然选择。

薄瓷板是一种耐候、耐用的全瓷质的饰面板型材料。产品规格尺寸齐全：300/600、400/800、500/1000、600/1200、750/1500、800/1600、900/1800、1000/2000、1200/2400（3600）mm 等尺寸均可生产；产品色彩、纹路、质感、光泽及规格、厚度等均可定制。

1. 主要特点

（1）大：尺寸大，最大单板面积可以达到 1.2m×3.6m，装饰效果大气；

（2）薄：厚度仅 4～6mm，轻薄精巧且坚韧；

（3）净：表面釉面经过高温处理，易清洁，防渗透，耐高温，无辐射；

（4）轻：密度仅为 7～14kg/m^2，可最大限度减少建筑物的负载。

2. 基本特点

（1）高硬度、高强度：硬度比传统瓷砖更高，釉面比一般瓷砖更耐磨；

（2）高韧性：瓷板结晶成纤维般组织，如木材般有弹性；

（3）耐热、防火、无辐射：以天然晶状、无机陶瓷原料和无机纤维，经高温烧制而成，是完全不燃的最佳耐火材料；不含伤害人体的辐射成分；热膨胀率比传统瓷砖低 25％以上，无剥落危险，是最安全的绿色环保建材；

（4）耐酸碱：瓷化表面光亮、光滑，可有效防止化学试剂的侵蚀；

（5）抗菌、耐污垢、易清洗：采用特殊配方，含抗菌纳米材料，经高温烧制，可使细菌无法在产品表面生存；表面无毛细孔，不会有灰尘污染附着；引用最新施釉技术，雨水冲洗产生自体清洗作用，保持常亮如新；

（6）花色繁多、不褪色：可采用最新的喷墨打印技术，根据客户需求随意打印各式图案，经高温烧制后，不褪色；

（7）经济实惠：单块面块大，施工材料及人工成本比传统建材更加经济实惠；

（8）施工与加工容易：具有犹如木材般的韧性，加工容易，切割、凿洞不易裂；突破了传统瓷砖或其他装饰材料施工复杂的缺点，工序少，工期短；

（9）安装方法简捷，成本低：薄瓷板具有"薄、大、轻、硬、新"的优点。由于"轻"，其使用于外墙及内墙可以直接湿贴，节省成本和工期；材料简单，施工轻便快捷，与传统材料相比，安装成本至少降低了 60％，安装时间减少 50％，工作强度也极大减小；降低了建筑的综合造价和提高了建筑的安全指数；薄瓷板的剪裁、开孔、修磨边简单，快捷，可大大降低噪声和对环境污染。

3. 适用范围

（1）外墙空间：饭店、集合住宅、别墅、办公楼；

（2）室内空间：饭店、集合住宅、别墅、工厂改建工程；

（3）住宅空间：厨房、卫浴空间；

（4）地下公共空间：隧道、地铁站、地下人行通道等；

（5）医疗空间：手术室、无菌室、化验室、病房等；

（6）公共建筑空间：机场、商场、博物馆等；

（7）广告空间：幕墙、招牌等；

（8）教学空间：黑白板、实验室、体育馆等。

4. 薄瓷板与传统材料的对比性（表3-8）

薄瓷板与传统材料的对比性　　　　　　　　　表3-8

对比	超薄瓷板	涂料	石材	铝扣板	钢化玻璃	普通瓷砖
吸水率	极低，0.02%	—	低，小于4%	低	低，接近0	0.5%左右
耐污性	强，有自洁功能	表面粗糙、耐污性差	差	较差	差，极易蒙上污垢	较强（表面有釉面保护）
色差	4个色号/10000m²	较小	天然性限制本身色差大	较小	—	较大
变色	1200℃高温烧制不变色	紫外线照射会发黄，通常2年涂一次	较小	质量好的可以20年左右不褪色，差的几年就褪色	不褪色	800℃高温烧制，不易变色
老化	无	有机成分，存在老化剥落问题	无	外表的薄膜容易被磨蚀	结构较易老化，15～20年寿命	无
建筑承载	7.1kg/m²	几乎无重量	60～90kg/m²（含蜂窝铝板）	5.5～7.5kg/m²（含蜂窝铝板）	25kg/m²	17～25kg/m²
色彩纹理	丰富（纯色和石纹、木纹、布纹、金属釉效果等）	较丰富（纯色）	较丰富（天然石纹）	色彩丰富，但质感单一	单一	丰富（纯色和石纹、木纹、布纹、金属釉效果等）
耐冻性	强	强	差，－20℃时易胀裂	强	强	差
热膨胀	几乎不受影响	几乎不受影响	较小	大（需留缝）	较小	较小
抗变形	强	—	较强	差	强	较强
通风隔热效果	幕墙有通风隔热效果，又可结合保暖材料	无	无	幕墙有通风隔热效果，又可结合保暖材料	差，无法使用保温材料，能耗大	无
异形建筑可用性	材质本身有冷弯能力，可围成半径5m的圆	—	—	—	—	—
其他问题	—	水泥后期膨胀，涂层无法掩盖出现裂痕	—	—	光污染问题，有3%自爆率，有安全隐患	单位面积较小，影响美观

第 10 节　岩棉吸声吊顶材料，墙、地面隔声保温毡，
GRC 复合墙板，玻纤板的构造和产品性能

3.10.1　岩棉吸声材料

岩棉吸声吊顶和墙面解决方案是一条创造优美舒适空间的捷径（图3-46、图3-47），其易于安装且持久耐用，可保护人们免于噪声污染及火灾蔓延。岩棉吸声材料专注于满足室内环境和设计要求，具有优越的声学性能，防火等级达到 A_1 级、防潮性能、反光度均满足相关标准要求，适用于大型室内空间的吊顶及墙面装饰。

图 3-46　岩棉吸声吊顶材料

图 3-47　岩棉吸声墙面材料

3.10.2　隔声保温毡

随着国民经济的迅速发展和人民生活水平的不断提高，居民对居住环境的要求也越来越高，简单的房屋设计已经不能满足人们高品质生活的需求。建筑隔声设计已经成为现代建筑必不可少的内容。调查结果表明：引起住户不满的建筑噪声大部分为分户楼板撞击、小孩蹦跳、室内脚步等楼板撞击声。

1. 地面隔声保温毡

新型地面隔声保温毡由电子交联发泡聚乙烯和特殊聚酯纤维粘复合而成，得益于专有微小均匀发泡技术的发展，新型地面隔声保温毡由封闭式微孔结构构成，即使在长期荷载

的情形下，隔声毡也不会发生气泡破裂和损坏而导致隔声效果降低，根据使用的要求不同，地面隔声毡主要规格厚度有 2mm、5mm、8mm、13mm 等（图 3-48～图 3-50，表 3-9）。

图 3-48　2mm 隔声保温毡

图 3-49　5mm 隔声保温毡

图 3-50　8mm、13mm 隔声保温毡

新型地面隔声保温毡参数　　　　　　　　　　　　　　　　　　表 3-9

厚度 （mm）	撞击声改善量 （dB）	动态刚性 （MN/m³）	热阻 Rt （m²·K/W）	备注
2	16	—	0.054	直接用于地板下
5	25	21	0.168	不同的保温效果
8	34	11	0.234	
13	34	9	0.376	

2. 墙面隔声保温毡

新型墙面隔声保温毡（图 3-51）是由回收聚酯纤维热粘合制成的吸声毡，具有优异的吸声和隔热性能，具有环境良好、寿命长等特点。同时，新型墙面隔声保温毡通过了《绿色建筑评估体系》的评估，获得了建筑环保荣誉证书。墙面隔声保温毡主要参数见表 3-10。

图 3-51　墙面隔声保温毡

墙面隔声保温毡主要参数　　　　　　　　　　　　　　　表 3-10

厚度	约 40mm
导热系数	$\Lambda = 0.039\text{W}/(\text{m} \cdot \text{K})$
热阻	$Rt = 1.026\text{m}^2 \cdot \text{K}/\text{W}(40\text{mm 规格})$
空气声隔声能力	$rw > 50\text{dB}$(标准砖砌成的无明显声桥的空心墙)

新型墙面隔声保温毡是一种多功能的产品，常用于墙体、石膏板等声音和热量的隔绝，也可用于区域的划分或在不同住宅单元之间使用。

3. 室内空间吸声材料

新型室内吸声材料（图 3-52）由特殊回收的聚酯纤维材料组成，由于特殊的纤维工艺，使其具有了显著的吸声性能和分层密度的技术特点，无毒、环保、寿命长，可根据需求定制不同表面效果。

图 3-52　新型室内空间吸声材料

新型室内吸声材料可安装于需要吸收声音的有混响的房间，如视听室、餐厅、教室、会议室等。其安装非常方便，使用魔术贴、挂架、特殊胶粘剂等也可安装。新型室内空间吸声材料主要参数见表 3-11。

新型室内空间吸声材料主要参数 表 3-11

厚度	约 45mm
吸声系数	$NRC=0.65$，吸声系数等级：C 级——高吸收性
尺寸	70×100cm
面层	可定制印刷任何图案

3.10.3　GRC 复合墙板

GRC 复合墙板（图 3-53）是采用高热阻芯材的复合结构，以低碱度水泥砂浆为基材，耐碱玻璃纤维作增强材料，制成板材面层，经现浇或预制，与其他轻质保温绝热材料复合而成的新型复合墙体材料。

图 3-53　GRC 复合墙板

由于采用了 GRC 面层和高热阻芯材的复合结构，GRC 复合墙板具有高强度、高韧性、高抗渗性、高防火与高耐候性，并具有良好的绝热和隔声性能。

生产 GRC 复合外墙板的面层材料与其他 GRC 制品相同，芯层可用现配、现浇的水泥膨胀珍珠岩拌和料，也可使用预制的绝热材料（如岩棉板、聚苯乙烯泡沫塑料板等）；一般采用反打成型工艺，成型时墙板的饰面朝下与模板表面接触，故墙板的饰面质量效果好；墙板的 GRC 面层一般用直接喷射法制作；内置的钢筋混凝土肋由焊好的钢筋骨架与用硫铝酸盐早强水泥配制的 C30 豆石混凝土制成。

根据墙板型号，GRC 复合外墙板可分为单开间大板和双开间大板两类；按所用绝热材料分类，有水泥珍珠岩复合外墙板、岩棉板复合外墙板和聚苯乙烯泡沫板复合外墙板等。

GRC 复合外墙板规格尺寸大、自重轻、面层造型丰富、施工方便，故特别适用于框架结构建筑，尤其在高层框架建筑中可作为非承重外墙挂板使用。

1. GRC 外墙内保温板

GRC 外墙内保温板又称玻璃纤维水泥聚苯复合保温板，是以 GRC 为面层、聚苯乙烯泡沫塑料板为芯层、以台座法或成组立模法生产的夹芯式复合保温板。该类板材质量轻、防水、防火性能好，同时具有较高的抗折、抗冲击性能和良好的热工性能。

GRC 外墙内保温板目前尚无国家标准。北京市《外墙内保温构造图集（二）（京95SJ9)》中，对增强水泥聚苯复合保温板（即 GRC 外墙内保温板）的规格、性能指标等做了规定。

目前北京地区使用的 GRC 外墙内保温板，板长 2400～2700mm，宽 950mm。板厚有50mm 和 60mm 两种，前者用来与 240mm 厚的实心黏土砖外墙复合，后者用来与 200mm厚的混凝土外墙复合，两者均能达到节能 50％的要求。

GRC 外墙内保温板绝热性能优良，用 GRC 外墙内保温板与 240mm 厚实心黏土砖外墙或与 200mm 厚混凝土外墙复合，保温效果均优于 620mm 厚的实心黏土砖墙。

GRC 外墙内保温板复合墙体的设计施工可参照北京市《外墙内保温构造图集（二）（京 95SJ9)》。

2. P-GRC 外墙内保温板

P-GRC 外墙内保温板全称玻璃纤维增强聚合物水泥聚苯乙烯复合外墙内保温板，是以聚合物乳液、水泥、砂配置成的砂浆作面层，用耐碱玻璃纤维网格布作增强材料，以自熄性聚苯乙烯泡沫塑料板为芯材，制成的夹芯式内保温板，简称"P-GRC 外墙内保温板"。

P-GRC 外墙内保温板可用于黏土砖外墙或混凝土外墙的内侧保温，也可以用于上述墙体的外侧保温。

生产 P-GRC 外墙内保温板的水泥要求强度等级为 52.5 的硫铝酸盐或铁铝酸盐水泥，其他主要原材料为聚合物乳液、砂、玻璃纤维网格布以及聚苯乙烯泡沫塑料板。

P-GRC 外墙内保温板长 900～1500mm、宽 595mm，板厚有 40mm 和 50mm 两种。

P-GRC 外墙内保温板性能指标见表 3-12。

P-GRC 外墙内保温板性能指标　　　　　　　　　　　　表 3-12

项目	单位	指标
密度(面层)	kg/m³	≤1600
热导率(面层)	W/(m・K)	<0.44
板重	kg/m²	≤25
抗压强度(面层)	MPa	≥10
抗弯荷载	N	≥1.8G
抗冲击	—	冲击 10 次,背面无裂纹
收缩率	％	≤0.08
含水率	％	≤10
软化系数	—	>0.80

P-GRC 外墙内保温板的安装全部采用聚合物型粘结剂，墙体构造节点可参照北京市《外墙内保温构造图集（二）》（京 95SJ9）中的有关内容处理。

3. GRC 外保温板

GRC 外保温板是由玻璃纤维增强水泥（GRC）面层与高效保温材料预复合而成的外墙外保温用的 GRC 保温幕墙板材。其可做成单面板或双面板，单面板是将保温材料置于

GRC 槽型板内，双面板是将保温材料夹在上下两层 GRC 板中间。

生产 GRC 外保温板的原材料要求与其他 GRC 板相同，所用保温材料主要为 PS 泡沫塑料板。

GRC 外保温板板长一般为 550～900mm、宽 450～600mm、板厚 40～50mm，其中聚苯板厚 30～40mm，GRC 面层厚 10mm。

用 GRC 外保温板与主墙体复合组成的外保温复合墙体构造包括紧密结合型和空气隔离型。

4. GRC 岩棉外墙挂板

GRC 岩棉外墙挂板是将工厂预制的 GRC 外墙挂板、岩棉板在现场复合到主墙体上的一种外保温用板材。

GRC 岩棉外墙挂板分为窗间板和窗上下板两种规格，常见尺寸为：板厚 10mm、肋高 70mm、板重 50～60kg/m^2。

GRC 岩棉外墙挂板的安装顺序是将岩棉板用钉子固定在砖墙上，用 22 镀锌铁丝扎成网状使岩棉板与砖墙密贴，然后由下往上安装窗间板和窗上下板。

3.10.4 玻纤板

玻纤板（FR-4）又称玻璃纤维隔热板、玻璃纤维合成板等（图 3-54），由玻璃纤维材料和高耐热性的复合材料合成，不含对人体有害的石棉成分，具有较高的机械性能和介电性能，同时也具有良好的加工性。

图 3-54　玻纤板

玻纤板的隔热性使之成为一种优良的热绝缘材料，广泛用于建筑和工业部门的保温、隔热工程中。

玻纤板还具有良好的吸声性和吸湿性，而且抗压强度较高。因此，在现代装饰节能环保中可发挥其独特的作用。

第 11 节　防火、防爆、彩釉等特殊玻璃的构造和性能

3.11.1 防火玻璃

防火玻璃（图 3-55）是一种经过特殊工艺加工和处理，在规定的耐火试验中能够保持其完整性和隔热性的特种玻璃。其按耐火性能等级分为三类。

A 类——同时满足耐火完整性、耐火隔热性要求的防火玻璃。此类玻璃具有透光、防火（隔烟、隔火、遮挡热辐射）、隔声、抗冲击性能，适用于建筑装饰钢木防火门、消防通道及消防前室的隔断墙、采光顶、挡烟垂壁、透光地板及其他需要既透明又防火的建筑组件中。

B 类——同时满足耐火完整性、热辐射强度要求的防火玻璃。此类防火玻璃多为复合防火玻璃，具有透光、防火、隔烟特点。

C 类——只满足耐火完整性要求的防火玻璃。此类玻璃具有透光、防火、隔烟、强度高等特点。适用于无隔热要求的防火玻璃隔断墙、防火窗、室外幕墙等。

通常情况下设计无具体要求的防火玻璃主要是 C 类非隔热型防火玻璃，所以许多建筑装饰装修工程中如消防通道处、消防楼梯前室、挡烟垂壁等部位的防火玻璃不符合消防验收标准，即此处防火玻璃需要按设计标准和规范要求使用具有 A 类隔热型的防火玻璃。

防火玻璃的原片玻璃可选用浮法平面玻璃、钢化玻璃、复合防火玻璃，还可选用单片防火玻璃。防火玻璃的作用主要是控制火势的蔓延或隔烟，其耐火性能按耐火极限可分为五个等级：0.50h、1.00h、1.50h、2.00h、3.00h，具体性能指标应满足现行《建筑用安全玻璃　第 1 部分：防火玻璃》GB 15763.1 的要求。

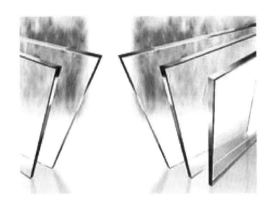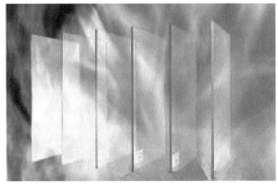

图 3-55　防火玻璃

防火玻璃主要分为夹层复合防火玻璃、夹丝防火玻璃、特种防火玻璃、中空防火玻璃、高强度单层铯钾防火玻璃。其中，高强度单层铯钾防火玻璃通过特殊化学处理在高温状态下进行二十多小时离子交换，替换了玻璃表面的金属钠，形成化学钢化应力；同时通过物理处理后，玻璃表面形成了高强的压应力，大大提高了抗冲击强度，当玻璃破碎时呈现出微小颗粒状态，可减轻对人体造成的伤害。单层铯钾防火玻璃的强度是普通玻璃的 6～12 倍，是钢化玻璃的 1.5～3 倍，而且高强度单层铯钾防火玻璃可在紫外线及火焰作用下依然保持通透功能。

3.11.2　防爆玻璃

防爆玻璃是在玻璃里面夹了钢丝或者是特制的薄膜和其他材料做成的玻璃，是一种特殊玻璃。防爆玻璃具有较高的安全性能，是同等普通浮法玻璃的 20 倍。一般的玻璃在遭到硬物猛力撞击时，一旦破碎就会变成细碎玻璃，飞溅四周，危及人身安全，而防爆玻璃，在遭到硬物猛力撞击时，只会看到裂纹，玻璃却依然完好无缺，用手触摸亦光滑平整，不会伤及任何人员。

防爆玻璃除了具有高强度的安全性能，还可以防潮、防寒、防火、防紫外线。

3.11.3 彩釉玻璃

彩釉玻璃是将无机釉料（又称油墨）印刷到玻璃表面，然后经烘干、钢化或热化加工处理，将釉料永久烧结于玻璃表面而得到的一种耐磨、耐酸碱的装饰性玻璃产品。彩釉玻璃具有很高的功能性和装饰性，广泛应用于建筑装饰行业。它有许多不同的颜色和花纹，如条状、网状（图3-56）、点状、块状等，也可以根据客户的不同需要另行设计花纹。

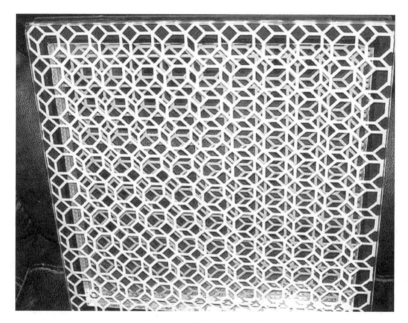

图 3-56　网状彩釉玻璃

彩釉玻璃的锻造过程（图3-57）是将设计好的图案印刷到玻璃表面，然后经烘干、钢化或热化加工处理，将釉料永久烧结于玻璃表面，最后成型。其平方米造价在100～400元之间。

图形处理　　　数码打印　　　烘干　　　钢化烧结　　　平弯/热弯　　　夹胶/中空

图 3-57　锻造过程

目前，世界上最先进的数码打印技术，是以特别设计的数码陶瓷油墨喷头配合最先进的数码打印机（图3-58），采用多色一次印刷，同时能够任意控制图案的透明度、半透明度和不透明度，颜色和遮阳率，可实现高分辨率（1410dpi）的高精度图像品质。

机器可打印最大的玻璃尺寸：3.3m×18m。特殊油墨含有高度稳定的颜料和特殊亚微米玻璃粉微粒，经高温钢化后，可对玻璃再进行夹胶、弯钢、中空以及 low-E 离线镀膜加工。

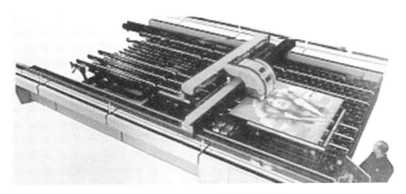

图 3-58　彩釉玻璃数码打印机

如果在某个艺术园区或是城市街角看到此类丰富图案的建筑立面，人们可能不知道是如何实现的。实际上，它不是一块布艺或者数码显示屏，而是经过设计师头脑风暴设计出来并运用彩釉玻璃实现出来的装饰效果，如图 3-59 所示。

图 3-59　彩釉玻璃多色建筑幕墙

建筑物自身结构构件，如梁、柱、板、管等，需要遮蔽起来，至少要部分隐藏才能美化建筑外观，凸显建筑整体设计效果。装饰时如使用彩釉玻璃，需要结合窗口处 Low-E 中空玻璃的室外颜色及可见光透过及反射的具体数值，确定彩釉玻璃的覆盖率、点的大小、颜色等。

巧妙设计的彩釉玻璃，在相当多的情况下可以用来代替磨砂玻璃、甚至着色玻璃来实现更好的设计效果。面对着色浮法玻璃颜色不多的现实，彩釉玻璃可以给设计师带来更多的灵感和支持（图 3-60）。

图 3-60 彩釉玻璃幕墙

第 12 节 环氧磨石地坪

　　环氧磨石地坪（图 3-61）是一种极能展现现代建筑设施独特风格的高装饰性、整体无缝的艺术地坪。该地坪精选多种特质的天然鹅卵石、五彩石、大理石、彩色玻璃颗粒、金属颗粒、贝壳等适合装饰性骨材与高分子树脂材料相混合，并经打磨、抛光等特殊工艺现场施工而成。环氧磨石地坪可根据设计要求分割出不同颜色、不同风格的优美图案，丰富的颜色可满足个性的设计需要。环氧磨石地坪具备天然大理石的所有特点，也可以做到墙地一体。

图 3-61 环氧磨石艺术地坪

　　环氧磨石地坪适用于机场、商场、医院、博览馆、商务会所和其他一些需要美观耐磨地面的场所。

第 13 节　装配式装饰装修常用部品部件等材料和设备的基本构造和产品性能

3.13.1　概述

装配式装饰装修部品部件是具有相对独立功能的建筑装饰产品，是由建筑装饰材料、单项产品构成的部件、构件的总成，是构成成套技术和装配式建筑装饰体系的基础。

装配式装饰装修按功能分主要是由结构系统、设备与管线系统、装饰面层系统组成。这些系统的构成元素又可拆分成不同的装配式装饰装修部品、部件。

装配式装饰装修部品部件按规模大小还可以分为装饰部品、装饰部件、装饰配件。装饰配件主要是指单一功能的小型卡扣件、五金等，而装饰部品、部件主要是指以工业化技术将传统单一的、分散的装饰装修材料进行科学合理的集成化、标准化和模数化组合而形成的装饰构造件。

装配式装修常用的部品部件按其功能和集成专业划分通常分为：装配式隔墙、装配式墙面板、装配式架空地面、装配式吊顶天花、装配式门窗、装配式集成卫浴、装配式集成厨房、装配式给排水系统、装配式照明布线系统等部品部件。

装配式部品部件与传统的装饰材料的区别主要在于生产过程和安装过程，装配式部品部件主要是工业化工厂生产出集成化成品，现场依靠产业化装配工人组装形成装饰成果。而传统的装饰材料是依靠各专业工人施工现场进行机械切割、按照一定的工艺标准进行加工和组合分散材料施工而成的装饰成果。

3.13.2　装配式装饰装修常用的部品部件

1. 隔墙部品部件

装配式装饰装修隔墙部品部件主要由结构支撑组件、隔墙空腔填充组件、饰面墙板组件、挂扣连接组件和相关加固预埋配件组成（图 3-62）。装配式装饰装修隔墙主要是进行装饰空间分隔，通常情况下不能作为承重结构墙体使用。通常的轻钢龙骨干挂复合成品饰面板属于装配式装饰装修隔墙部品部件。

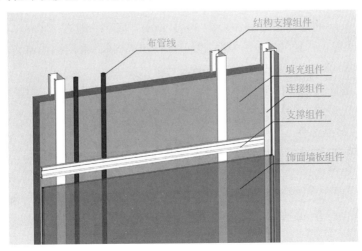

图 3-62　装配式隔墙部品部件

装配式装饰装修隔墙部品部件具有轻质、隔声、保温、防火、防潮、耐久等特点，隔墙空腔内可进行成套集成管线的安装。其施工装配快速，易搬运、便拆改、可回收，适用于居住、办公、酒店、医疗、教育等需室内分隔空间的场所。

2. 墙面板部品部件

墙面板部品部件是在既有的墙体表面进行干式装配作业的组合墙面板，也可归于装配式隔墙部品部件。当前装配式墙面饰面板的基层通常采用以无机矿物纤维或纤维素纤维等松散短纤维为增强材料，以硅质-钙质材料为主体胶结材料，经制浆、成型、在高温高压饱和蒸汽中加速固化反应，形成硅酸钙胶凝体而制成的板材（硅酸钙）做成，表面饰面通过复合涂层技术处理形成，从而达到仿木纹、石材、壁纸布料等肌理装饰效果。目前许多装配式墙面饰面板的基层采用复合铝质蜂窝板，外表面粘贴石材薄板、薄瓷板、竹木板等，形成了不同品质的墙面板部品部件（图 3-63）。

图 3-63 装配式石材薄板墙面板部品部件

硅酸钙板做基层的饰面板厚度一般为 8～12mm，宽度一般按 300mm 的模数制作，通常为 600mm、900mm、1200mm，根据装饰空间高度定制。采用铝质蜂窝板做基层的饰面板厚度一般为 15～25mm，宽度可根据空间设计要求定制。

装配及固定墙面饰面板的配件品种较多，主要有横向轻钢龙骨、调平胀塞、各种规格型号的收口收边铝型材、钢质十字平头燕尾螺丝等。

3. 吊顶天花部品部件

当前使用装配式吊顶天花相对于墙地面比较少，一是因为装配式吊顶天花有拼接缝；二是造价比乳胶漆顶高，许多用户（尤其对家居卧室）不能接受使用吊顶天花部品部件，常选用乳胶漆涂饰顶面。当前吊顶天花通常采用传统吊顶和装配式吊顶部品部件相结合方式施工，为了减少顶面拼接缝，也会采用软膜天花，相关装配式吊顶天花部品部件如图 3-64 所示。

图 3-64　装配式吊顶天花部品部件

4. 架空地面部品部件

装配式楼地面施工可以规避重污染高耗能的传统湿作业，并实现地板地面下方与结构分离的管线敷设。

架空地面部品部件（图 3-65）主要由型钢架空地面模块、调整调节支架、成品地面装饰板材、卷材以及连接、黏结配件组成。装配式架空地面部品部件整体具有承载力强、抗撞、耐久耐磨、稳固安全的特点，施工时易运输、操作方便。架空地面部品部件适用于办公空间、酒店、公寓、医疗、教育等干区空间地面。

图 3-65　架空地面部品部件

5. 集成门窗部品部件

集成门窗部品部件是集成套装门、集成窗套、集成垭口和与门窗相接相关部分（如配套五金、窗台板、窗帘盒等）的统称。当前该部品部件基层主要由高强硅酸钙、高强复合纤维板、钢质、合金等材质制作，表面做仿木质木纹等效果的覆膜。工业化生产的集成门窗部品部件安装方便、造型多样，具有防潮、防水、防火、耐冲撞、环保等性能，通常用于公寓、办公室等场所。

6. 集成厨房部品部件

集成厨房部品部件（图 3-66）主要是厨房地面、顶面、墙面、橱柜、厨房设备以及安装管线等经过装配式设计集成，工业化生产，现场装配式干法施工的厨房空间各装饰体块和功能体块的统称。集成厨房部品部件定制化和集成化的程度高。

图 3-66　集成厨房部品部件

7. 集成卫浴部品部件

集成卫浴部品部件（图 3-67）是指由干法施工装配式组装而成的卫浴空间装饰及功能模块的统称。其主要有整体防水托盘体系、装配式给排水系统、装配式新风排风系统、装配式照明管线系统、装配式防水墙面板、集成洗手台、集成淋浴房和相关组装的卫浴设备。装配式集成卫浴与传统卫浴空间装饰相比，具有施工工期短、环保节能、耗材少自重轻、质量优等特点。

图 3-67　集成卫浴部品部件

3.13.3　覆膜集成墙顶板

覆膜集成墙顶板（图 3-68）是装配式装饰装修最主要的构成材料，也是装饰外饰面，影响装饰装修整体效果的关键材料。目前通常用覆膜集成墙顶板增强纤维硅酸钙板做基底，表面根据装饰效果需要覆盖不同仿材质图案的聚氨酯薄膜（PU 膜），市场上的厨卫集成铝板也属于装配式覆膜集成板。增强纤维硅酸钙板具有高密度、高强度、防火防潮、性能稳定、抗变形、造价合理等优点，适合做装配式部品部件的基层材料；聚氨酯 PU 薄膜也能够与硅酸钙板有效结合，可形成耐候性能强、装饰效果好、表面弹性强、抗菌清洁的多品种多材质饰面效果，如皮革、布艺、墙纸、石材、瓷砖、木纹等饰面效果。

图 3-68　集成覆膜墙顶板

3.13.4　可调节地面架空模块

可调节地面架空模块（图 3-69）是装配式地面部品部件主要组成部分，起到将地面饰面材料支撑架空及调平的作用，主要有型钢架空模块、钢质调节支架和无机矿物质板等复合架空模块，根据需要可针对型号定制加工组合成不同场所和不同功能要求的架空模块，如可置埋水暖管的架空模块、超薄抗静电架空模块等。

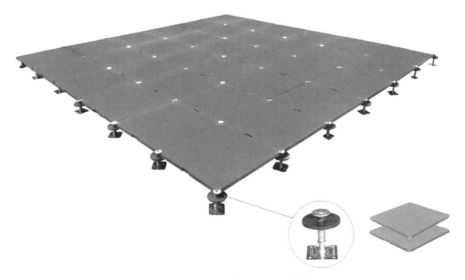

图 3-69　可调节架空地面模块

　　最常见的可调节架空地面模块主要原材料由镀锌钢板、保温隔热板、增强纤维硅钙板和可调支架组合而成。

　　模块的加工数据应尽可能模数化、标准化，适合工程工业化生产。工厂生产好的架空模块出厂前应质检合格，配件齐全，规格、型号、数量、编号等标注清楚，包装完好，方便运输和施工搬运。

3.13.5　整体防水托盘

　　工业化的整体柔性防水托盘（图3-70）根据施工空间尺寸一次性集成制作而成，其防水密封可靠、可装配式施工。

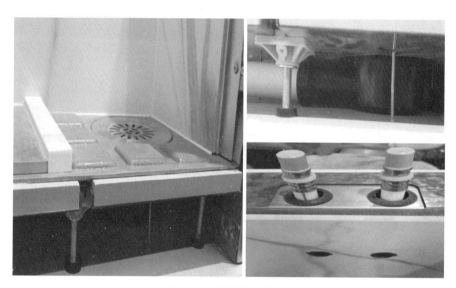

图3-70　整体防水托盘

　　防水托盘一般由热塑复合材料整体热压而成，托盘根据设计要求四周自带立体返檐和排水槽，立体返檐可与后置防潮层、防水墙面板形成科学的搭接，保证安装接缝的密封性，确保接缝处不渗水。防水托盘需根据卫生间的具体尺寸及形状设置具体的排水地漏口、结构受力点和门槛位置，方便工厂一次性整体生产。

　　整体式防水托盘可以应用在各类型空间的卫浴区域中，是干式施工替代湿作业施工的基础条件，使用防水托盘可替代卫生间原结构墙、地面基层涂刷防水涂料等湿作业工序。

3.13.6　与结构分离的管线系统部品部件

　　这是一种将设备与管线分离在结构系统之外的施工方式。在装配式装修中，设备管线系统是装配式内装不可缺少的构成部分。管线与结构分离有三个优点：一是不将管线埋入主体结构，有利于延长建筑主体结构的寿命；二是可减低安装工人凿墙等人工成本，减少装修污染；三是有利于改造翻新。

　　与结构分离的管线部品部件（图3-71）按专业可分为装配式给排水系统部品部件、装配式照明布线系统部品部件。这些部品部件主要依照设计集成化、颜色区别化、卡件标准化、施工安全化等原则进行整合而成。

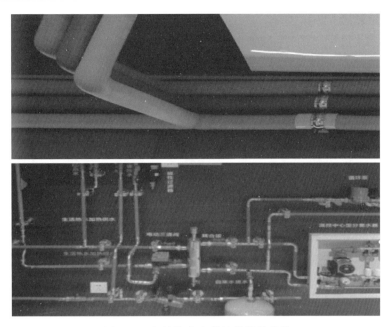

图 3-71 与结构分离的管线部品部件

第 14 节 三维扫描仪、便携式专业放线机器人的构造和操作步骤

3.14.1 三维扫描仪

三维扫描仪又称 3D 扫描仪（图 3-72），其用途是创建物体几何表面的点云（Point Cloud），这些点可用来插补成物体的表面形状，越密集的点云可以创建越精确的模型（这个过程称作三维重建）。若扫描仪能够取得表面颜色，则可进一步在重建的表面上粘贴材质贴图，也即所谓的材质映射（Texture Mapping）。

 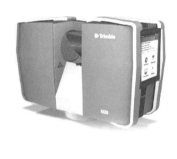 

图 3-72 三维扫描仪

三维扫描仪可模拟为照相机，它们的视线范围都体现圆锥状，信息的搜集皆限定在一定的范围内。两者不同之处在于相机所抓取的是颜色信息，而三维扫描仪测量距离。

操作步骤：

1. 扫描

（1）根据需要扫描的对象确定测站数、测站位置和控制标靶（用来匹配每站点扫描的点云）的个数和位置。

（2）安装三维激光扫描仪，调整好其方向和倾角。

（3）连接扫描仪和计算机，接通电源，扫描仪预热后，设置好扫描参数（行数、列数和扫描分辨率等）。

（4）扫描仪自动进行扫描，一次完成各站的扫描工作。

2. 内业处理

（1）通过软件提供的坐标匹配功能，将各测站测得的点云数据"合并"成一个完整的测量目标的点云模型。

（2）剔除干扰点，通过分布框选点云，最终完成整个扫描对象的建模，之后可以对模型进行渲染、照明和设定其材质。

3.14.2 便携式专业放线机器人

当前大量新设备、新技术在建筑装饰装修行业获得深入运用，其中新的利用二维图纸和 BIM 软件进行施工放线的便携式专业放线机器人以其智能、快速、精准、简便、耗工少等优势获得项目技术人员的普遍推崇（图 3-73）。

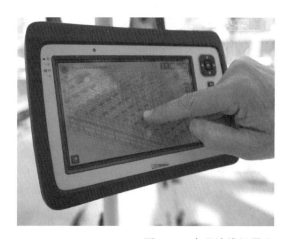

图 3-73　专业放线机器人

该放线机器人使用原理是：使用平板电脑（搭载 windows7/10 系统）的手持终端（操作与台式电脑/笔记本电脑一致）。平板电脑配备了智能电台模块，用于平板电脑与放样主机的链接，实现数据传输和控制；平板电脑带有 2 个 usb 接口，用于拷贝数据，也可用于连接外设。通过平板电脑中预先载入的 BIM 模型或相关电子档图纸为依据进行空间运算并代替人工进行放样工作。

主要组成：

（1）放样主机（图 3-74）：用于指示、测量放样点位的设备，其放大倍率：32 倍；测角精度：2s；测距精度：1mm；高速测距精度：2mm。

（2）平板电脑（图 3-75）：即手持终端，导入 BIM 模型后，用于控制、选择测量或放样点，可连接和设置

图 3-74　放样主机

全站仪。

（3）三脚架（图 3-76）：支撑及固定放样主机，可根据需要调整高度及角度。

图 3-75　平板电脑

图 3-76　三脚架

棱镜杆及全反射棱镜（图 3-77）：用于在地面上的测量及放样，与主机智能连接后准确定位，实时动态跟踪。

棱镜杆

360°棱镜

图 3-77　棱镜杆及全反射棱镜

第 15 节　便携式全能激光放线仪，新型测量、画线工具的性能和使用方法

3.15.1　便携式全能激光放线仪

便携式全能激光放线仪（图 3-78）是整体结构为三自由度框架结构的激光放线仪，它

是在水平调节底座组件上面安装一个支架，支架下部安装激光水平直线组件的基本水平直线激光放线仪，在支架的上部设置了一个转动筒座，筒座通孔与主筒半部转动连接，主筒另一半部呈鼓形手轮外露在仪器上部，光电系统安装在主筒内构成了转动的激光直线组件。该仪器除可放出基准水平线外，尤其可以放出另一条不同高度角和方位角的水平线或水平线组、垂直线或垂直线组及任意斜线等。

图 3-78　便携式全能激光放线仪

3.15.2　便携式全能激光放线仪操作步骤

（1）安装电池——使用高性能碱性电池三枚，安装时请注意极性；

（2）粗调平——通过旋转底座上的三只支腿，调整到仪器顶部水泡在线内即可（不必十分准确），此时仪器会自动整平；

（3）开启——右旋打开电源/缩紧开关，此时对地点点亮，同时水泡下发光指示点亮；

（4）操作——根据实际情况，按机壳顶部 V/H（V 代表垂直线，H 代表水平仪）来达到所需要的光线组合。如要垂线对准某一位置，可手动转动仪器，配合微调，使光线精确对准目标。如要升高或降低水平线，可配合使用三脚架（附件），来移动水平线的位置；

（5）报警——如仪器未放平，发出的激光线会闪烁，此时只需调节三个地角支腿，使光线不闪烁即可；

（6）室外——如在室外操作，光线难以看见，可配用接收器（选配件）。先按仪器上的 OUTDOOR，水泡下发光管会闪烁，代表可以接收，此时在远处移动接收器，如找到光线，中间蓝灯会亮，此时接收器边缘一条凹槽就代表光线的实际位置。如上面的红灯亮，代表光线偏上，向上移动接收器，反之，下面亮灯，则向下移动接收器，以蓝灯亮为准。也可以开启接收器、蜂鸣器，通过蜂鸣器发出的声音来判断；

（7）关闭——关闭时，只需把锁紧开关逆旋至 OFF 状态即可，仪器将自动锁紧及切断电源。

3.15.3　新型测量工具

1. 组合直尺

日常施工员一般使用钢直尺。钢直尺包括普通钢直尺和棉纤维钢尺，是测量长度的量具。尺的刻线面上下两侧刻有线纹。

随着技术不断发展，国际施工人员提出更高效的工具要求，为此国际市场上出现了组合直尺产品，如带激光红外线组合直尺、组合水平与垂直水准泡组合直尺、可调角度与长度组合直尺等，特别是一种多功能组合尺，逐渐得到施工员的喜爱与推广（图 3-79）。

2. 新长度测量工具

钢卷尺是最常规的长度测量工具，但国际市场上出现了越来越多的改进卷尺（图 3-80）。

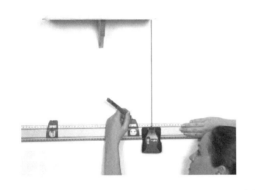

(a)

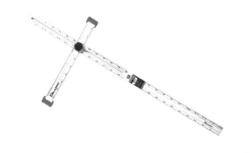

(b)

(c)

图 3-79　组合直尺（一）

（a）一种平面布局和标注、激光组合尺；（b）一种 T 形可调组合尺；（c）一种多功能标注尺

图 3-79　组合直尺（二）

（d）具有对中心点、安全切割、对齐、标记位置、夹持器、找平等多种功能的组合尺

图 3-80　精准测量对角的卷尺

3. 角尺

常用角尺为 90°角尺，也叫直角尺，是测量面和基面相互垂直，用于检验直角、垂直度和平行度误差的测量器具。市场上出现不少新型改进版角尺，如图 3-81 所示，其中也有组合角尺产品。最特别的还是数显角尺，可在提高效率的同时避免读数误判。

图 3-81（a）是一种具有独特支撑边缘、无须手扶的设计、一体成形的牢固 90°直角的综合角度画线功能尺。

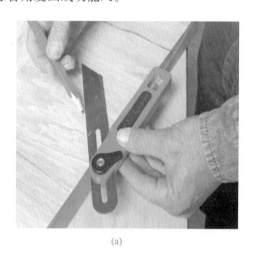

(a)　　　　　　　　　　　　　　　　　　　(b)

图 3-81　新型角尺（一）

（a）综合角度画线功能尺；（b）木工专用塑料角尺

(c)

(d)　　　　　　　　　　　　　　　　　(e)

图 3-81　新型角尺（二）

（c）一种磁性锁定无须螺栓调节的木工组合角尺；（d）木工 T 形角尺，可轻松旋转调节及锁定；

（e）数显角尺，读数方便快捷、任意调节角度

3.15.4　画线工具

1. 笔

画线笔是普通木工铅笔，但木工笔专用卷笔刀（图 3-82）却是一种方便、快捷的新工具。

图 3-82　木工铅笔及专用卷笔刀

2. 粉斗（图 3-83）

墨斗是用来画直线的传统工具，但市场上早已出现一种环保的高效粉斗，它是用粉加

上蓝色素做成，易于使用与清理。同时，其专用的画线器更符合人体工程学原理。

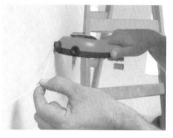

图 3-83　一种新型环保弹线粉斗及粉

3. 激光标线仪

传统的弹线是用手工测量加上墨斗打线（图 3-84）。当前，直接用激光投线仪或激光标线仪，可快速标出水平线、垂直线（图 3-85），简单施工有时根本不用去弹线，直接用激光标线仪就足够。目前市场上常用的有 2 线、3 线、5 线、12 线激光标线仪。近年来施工人员越来越喜欢使用绿光激光标线仪，因为绿光在亮度较高的场所也能清晰可见。

图 3-84　传统吊顶弹线

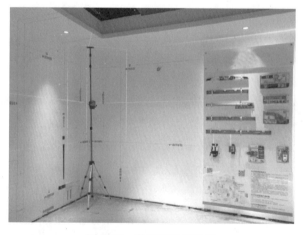

图 3-85　激光标线仪标线

施工时，使用精准的激光标线仪，借助快捷方便的支撑杆，可提高吊顶弹线的准确性

（图 3-86、图 3-87）。

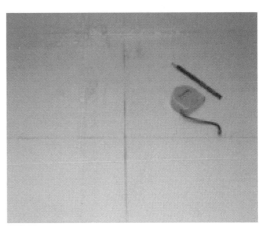

图 3-86　传统弹十字线

图 3-87　激光十字标线仪一步到位

第 16 节　新型水平尺、测距仪、直角尺、坡度尺性能和使用方法

3.16.1　水平尺

水平尺（图 3-88）是利用水准泡液面水平的原理，检测被测表面相对水平位置、铅垂位置和倾斜位置偏离程度的一种计量器具。水平尺一般由尺体（工作面）、水平位置水准器（铅垂位置水准器、45°位置水准器）组成。水平尺根据截面的不同，可以分为矩形水平尺、工字形水平尺、桥形水平尺等；按精度分类，可以分为 0 级、1 级、2 级、3 级四种，其中 0 级的精度最高。

3.16.2　坡度尺

坡度是地面陡缓的程度，即坡面的垂直高度 h 和水平距离 l 的比值。在建筑装饰装修施工中，坡度（i）应采用百分比（％）的方法来表示，如图 3-89 所示。

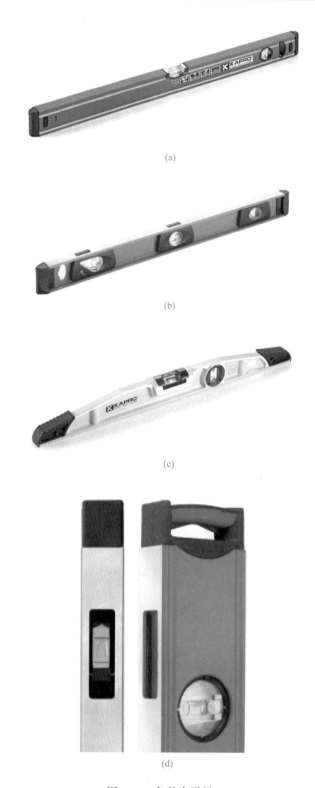

(a)

(b)

(c)

(d)

图 3-88 各种水平尺

（a）矩形水平尺；（b）工字形水平尺；（c）压铸桥形水平尺；（d）具有双向视窗功能的水平尺

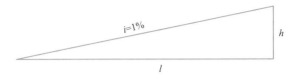

图 3-89 坡度示意

$$i = \frac{h}{l} \times 100\% \qquad (3\text{-}1)$$

式中 i——坡度;

h——坡面的垂直高度;

l——坡面的水平距离。

例如，排水坡度 1% 表示长度为 1000mm 的坡面，坡高为 10mm。

各种坡度尺见图 3-90。

(a)

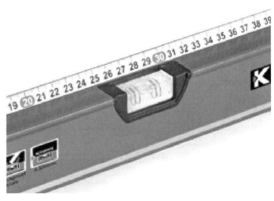

(b)

图 3-90 各种坡度尺（一）

(a) 一种简单方便操作、检测的坡度水平尺（1%、2%）；(b) 一种组合刻度的坡度水平尺（2%）

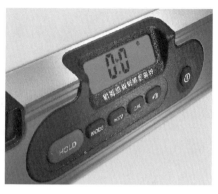

(c)

图 3-90　各种坡度尺（二）

（c）一种更为先进的可快速提高效率的数显坡度、角度水平尺

3.16.3　测距仪

测距仪（图 3-91）是测量长度用的量具，操作方便，具有综合测距、算面积、算体积、勾股测长度、加减等功能，可提高工作效率。

图 3-91　测距仪

第4章 新技术、新工艺

第1节 2020年建筑装饰行业10项新技术

1. 装配式装修施工技术

装配式装修施工技术包括：各类金属制品、木制品和其他材质的部品生产和现场装配化等成套技术。如装饰一体化技术，结构、机电、精装、家居、部品部件数模协同化，构件通用化，各专业接口标准化，整体卫浴一体化安装。

2. 信息化技术

信息化技术包括：基于BIM的现场施工管理信息技术、基于大数据的项目成本分析与控制信息技术、基于云计算的电子商务采购技术、基于互联网的项目多方协同管理技术、基于移动互联网的项目动态管理信息技术、基于物联网的劳务管理信息技术、基于GIS和物联网的建筑垃圾监管技术、基于智能化的装配式装修产品生产与施工管理信息技术等。

3. 绿色施工技术

绿色施工技术包括：建筑垃圾减量化与资源化利用技术、施工现场太阳能、空气能利用技术、施工扬尘控制技术、施工噪声控制技术、绿色施工在线监测评价技术、工具式定型化临时设施技术、透水混凝土与植生混凝土应用技术、建筑物墙体免抹灰技术等。

4. 新型建筑幕墙施工技术

新型建筑幕墙施工技术包括：光电幕墙、双层呼吸式幕墙、人造板幕墙、单元式幕墙等新型、安全、节能型幕墙；各类新型节能建筑幕墙材料、施工技术及设备的应用；建筑幕墙装配化施工技术等。

5. 天然及人造块材精加工与施工技术

天然及人造块材精加工与施工技术包括：各类天然石材、人造石材的工厂化精加工、装配式安装技术，石材毛坯平板铺设和整体研磨及石材修复等技术。

6. 智能化技术

智能化技术包括：住宅智能门禁，室内电器智能控制，室内门窗智能控制等智能化技术。

7. 古建筑和近代文物建筑修复和翻新技术

古建筑和近代文物建筑修复和翻新技术包括：文物建筑、历史保护建筑、既有建筑物的清洗、养护、补强、修复技术，石材原位整修、翻新技术，木制品脱漆、整修、翻新施工技术。

8. 新型脚手架应用技术

新型脚手架应用技术包括：各种新型脚手架应用技术，新型移动式脚手架技术等。

9. 防水技术与围护结构节能

防水技术与围护结构节能包括：各类建筑防水新技术，新型建筑防水涂料、材料，建筑防水密封材料，刚性防水砂浆，防渗堵漏技术等；高性能门窗技术、一体化遮阳窗等。

10. 节水、节能、节材及新工艺、新材料和新产品应用技术

节水、节能、节材及新工艺、新材料和新产品应用技术包括：新型高效保温、隔声材料、复合建材、复合型管材、新型涂料、新型防火材料、新型面材、可再生利用的各种新材料的应用和施工技术等；太阳能产品、光导照明产品、光伏电、地源热泵产品及其他有广泛发展前景的新型能源产品等；各种铆接、焊接、取孔、砌筑、粉刷、铺贴等先进的装饰施工移动机具或机器人的应用；新型粘接技术：高强度、抗裂、抗老化、抗腐蚀粘结材料应用施工技术等。

第 2 节　装饰装修绿色施工技术

4.2.1　绿色建筑内涵与定义

1. 内涵

绿色建筑是在城市建设过程中实现可持续理念的途径之一，它需要有明确的设计理念、具体的技术支持和可操作的评估体系。在不同机构、不同角度上，绿色建筑概念的侧重不同。

美国绿色建筑协会制订了可实施操作的《绿色建筑评估体系》（LEED），并认为绿色建筑追求的是如何实现从建筑材料的生产、运输、建筑、施工到运行和拆除的全生命周期，使建筑对环境造成的危害最小，同时让使用者和居住者有舒适的居住质量。

维基百科将绿色建筑描述为：通过在设计、建造、使用、维护和拆除等全生命周期各阶段进行更仔细与全面的考虑，以提高建筑在土地、能源、水、材料等方面的利用效率，同时减少建筑对人们健康以及周边环境的负面影响为目的的实践活动。

我们国家针对我国资源相对短缺的基本国情，提出"节能省地型住宅和公共建筑"为绿色建筑的目标，以解决我国工业化和城镇化的快速发展时期资源消耗过多、资源日益短缺的问题。这是具有中国特色的可持续建筑理念，以节能、节地、节水、节材实现建筑的可持续发展。

2. 定 义

以符合自然生态系统客观规律并与之和谐共存为前提，充分利用客观生态系统环境条件、资源，尊重文化，集成适宜的建筑功能与技术系统，坚持本地化原则，具有资源消耗最小及使用效率最大化能力，具备安全、健康、宜居功能并对生态系统扰动最小的可持续、可再生及可循环的全生命周期建筑即为绿色建筑。

绿色建筑不是某一类型建筑。通过对绿色文化、哲学和概念的分析，我们了解绿色建筑既是一种生活方式，也是一种理念。它并不一定特指哪类建筑，而是涵盖所有类型的建筑，包括居住、生产、生活及公共活动空间。从单一的绿色建筑来看，它的绿色内涵是一系列的，包括文化、生态、环保等。

3. 绿色建筑设计原则

绿色建筑历经数十年的实践，逐渐形成了一些重要的设计思想、原则、方法。从本质上讲，绿色建筑设计是一种由生态伦理观、生态美学观共同驾驭的建筑发展观。在实践中

的绿色建筑设计应当遵循以下原则：

（1）和谐原则

建筑作为人类行为的一种影响存在结果，由于其空间选择、建造过程和使用拆除的全寿命过程存在着消耗、扰动以及影响的实际作用，其体系和谐、系统和谐、关系和谐便成为绿色建筑特别强调的重要的和谐原则。

（2）适地原则

任何一个区域规划、城市建设或者单体建筑项目，都必须建立在对特定地方条件的分析和评价的基础上，其中包括地域气候特征、地理因素、地方文化与风俗、建筑机理特征、有利于环境持续性的各种能源分布，如地方建筑材料的利用强度和持久性，以及当地的各种限制条件等。

（3）节约原则

重点突出"节能省地"原则。省地就要从规划阶段入手解决，合理分配生产、生活、绿化、景观、交通等各种用地之间的比例关系，提高土地使用率。节能的技术原理是通过蓄热等措施减少能源消耗，提高能源的使用效率，并充分利用可再生的自然资源，包括太阳能、风能、水利能、海洋能、生物能等，减少对于不可再生资源的使用。在建筑设计中结合不同的气候特点，依据太阳的运行规律和风的形成规律，利用太阳光和通风等节能措施，以达到减少能耗的目的。

（4）舒适原则

舒适要求与资源占用及能量消耗在建筑建造、使用维护管理中一直是一个矛盾体。在绿色建筑中强调舒适原则不是以牺牲建筑的舒适度为前提，而是以满足人类居所舒适要求为设定条件，应用材料的蓄热和绝热性能，提高围护结构的保温和隔热性能，利用太阳能冬季取暖，夏季降温，通过遮阳设施来防止夏季过热，最终提高室内环境的舒适性。

（5）经济原则

绿色建筑的建造、使用、维护是一个复杂的技术系统问题，更是一个社会组织体系问题。高投入、高技术的极致绿色建筑虽然可以反映出人类科学技术发展的高端水平，但是并非只有高技术才能够实现绿色建筑的功能、效率与品质，适宜的技术与地方化材料及地域特点的建造经验同样是绿色建筑的发展途径。

4. 绿色建筑的设计要点

（1）水系统

绿色建筑要实现节水目标，就需要提高水资源利用率，即将废水、雨水回用，将水环境系统由原来的"供给—排放"模式进行技术改进，增添必要的贮存和处理设施，形成"供给—排放—贮存—处理—回用"的水资源循环利用模式。

（2）风环境

创造良好的通风对流环境，建立自然空气循环系统，这是绿色设计原则的一个重要体现。这里，优化自然通风的设计常常被我们忽视。特别是住宅小区，开发商为了获得更高的经济利益，往往追求较高的建筑密度和容积率，而对楼间距只要满足规范要求的最小日照间距即可。

对通风要求较高的建筑要尽量保证每栋建筑物都有一定的迎风面。建筑背后的风影区约为建筑高度的 3 倍，这一数值要远远大于日照间距，如果仅仅考虑日照间距而将建筑摆在同一行，不错栋，就会使后排建筑没有直接的迎风面，这样对后排建筑的通风非常不利。但如一味追求风影间距，又与节地的原则相矛盾，这是一对矛盾，在设计过程中要做合理的取舍。

在冬冷夏热地区解决好建筑物的自然通风问题，对降低空调电耗有着实际的意义。通过建筑形体设计、朝向、建筑群的布局等，根据当地风玫瑰来取得最大的自然通风。建筑物的高度、长度和深度对自然通风有很大的影响，亦可利用树木的合理布置来加强建筑的自然通风。一个简单的矩形体，使其长向的门窗尽可能朝向夏季的主导风向，则通风效果较好，当建筑平面为"凹"形或"L"形时，应尽可能使其凹口部分面向夏季主导风向；建筑平面进深不宜过大，这样有利于穿堂风的形成。

（3）太阳能技术的应用

太阳能技术在建筑中的应用主要涉及光电、光热两个方面。光电技术即主要以光伏电池提供电能为主，除建筑物自用外，还可将电能上传至国家电网。

建筑一体化强调太阳能产品与建筑工程设计应统一规划、同步设计、同步施工、与建筑工程同时投入使用。其优点在于在规划阶段即可通过日照有效时数计算，将建筑物屋面、墙面等可安装集热器的部位布置在可获得最大日照的区域，同时避免因集热器的安装对后排建筑的日照遮挡。

现行国家标准《民用建筑太阳能热水系统应用技术标准》GB 50364 中将太阳能热水系统按供热水范围分为集中供热水、集中—分散供热水、分散供热水三种系统；按系统运行方式分为自然循环系统、强制循环系统、直流式三种系统。

4.2.2　绿色施工技术

1. 绿色施工

绿色施工是指工程建设中，在保证质量、安全等基本要求的前提下，通过科学管理和技术进步，最大限度地节约资源与减少对环境负面影响的施工活动，实现"四节一环保"（节能、节地、节水、节材和环境保护）。

2. 绿色施工技术

绿色施工技术是指在建筑工程施工全过程中，通过科学的管理方法及其先进的施工技术，在保障最基本的工程施工质量及安全的前提下，在最大程度上构建文明施工及完善传统的施工技术，减少噪声、节约资源、保护社会环境和自然环境等，合理利用社会与自然的资源相结合的施工模式。绿色施工技术是现代施工企业的核心技术，不仅促进了建筑施工企业在社会中的良好形象，也降低了对企业施工成本的消耗，控制了建筑施工的质量，在一定程度上实现我国的可持续发展科学观，做到了对生态的保护、资源回收利用、节能生产的目标，使建筑施工达到了良好的经济、环境、社会效益。

4.2.3　装饰装修工程绿色施工技术

节能、环保、经济、低碳、友好等是装饰装修工程绿色施工技术的主旨要求，在我国建筑业积极倡导绿色施工，推行和制定相关绿色施工标准和绿色建材标准的大环境下，装饰装修工程绿色施工成为行业发展的趋势。装饰装修的绿色施工技术也逐渐标准化、规范化。同时在行业内也产生并形成了许多新型的装修材料和创新性绿色施工技术。

装饰装修绿色施工技术主要体现在如下几个方面：

1. 利用绿色施工材料

在进行装饰装修工程施工之前，施工单位要制定一个完善的方案来确定材料的使用，并认真计算材料的使用量。在进行图纸会审的时候，要对与材料利用相关的内容标准进行审核。在进行材料运输的时候，针对不同类型的装修材料要选择合适的装卸方法和运输机械，避免对材料造成损害。而且还应该对材料采取相应的保护措施，在进行装卸的时候，要尽量一次到位，要避免二次搬运的情况出现。在装饰装修施工的过程中，要合理堆放材料，对材料的使用制定严格的保管制度，要将各项责任落实到每个人身上。要根据施工进度的进展情况，对材料的库存情况进行分析，对库存不足的材料要及时地进行采购，避免因材料不足而误工，还要合理安排材料的进场时间和批次。要优化安装工程的管线路径和预埋方案，要最大限度地使线路最短，避免材料浪费。

2. 利用绿色施工能源

在进行装饰装修工程施工之前，施工单位要采取制定科学的施工能耗标准等措施来提高能源的使用率。要优先利用行业和国家推荐的先进施工设备和节能环保的机具。要根据相关标准去购买装修装饰材料，要尽量使用隔热和保温性能都好的绿色装饰材料，其有害物质的含量较低。与此同时，要对施工现场的用电进行严格控制，要针对不同区域分别设定控制指标，比如生活区、生产区、施工设备以及办公区等都要设定不同指标，然后还要定期地对各个区进行核算、计量和对比分析。如果施工地条件允许，自然资源和气候条件较好，可以充分地利用太阳能、地热等再生能源。

3. 利用绿色施工水资源

在装饰装修施工过程中，施工用水要制定科学合理的方案，尽量节约用水。在施工现场使用节水器具的时候，要制定合理的措施避免对用水器具造成损坏。要对现场节水控制进行强化，如果需要冲洗车辆、机具和设备的时候，可以通过循环用水装置的使用来达到节约水资源的目的。与此同时，还可以在施工现场设置中水、雨水收集利用系统，这样也可以对水资源进行循环利用。

4. 利用绿色施工节地

在装饰装修工程的节地使用中，包括用地保护和用地指标两个方面。对于用地指标来说，其在施工进行之前，要对施工现场条件以及施工规模进行分析，然后科学合理地确定各临时设施和占地面积，要根据用地指标最低面积对占地面积进行设计。在进行占地面积设计的时候，要使得施工平面的布置合理、紧凑。要在满足安全文明施工要求的基础之上最大限度地避免废弃地和死角的出现。

5. 利用绿色施工新技术、新设备、新材料、新工艺

（1）要对绿色施工检测、材料、节能、资源循环利用等技术进行大力地发展，要对绿色建筑材料进行不断地研究，减少材料中有害物质的释放量。要研究高强度、高性能的建筑材料来替代金属材料，节约有限的资源。在施工现场要应用低油耗、低噪声的施工机械。总之，就是要在绿色施工中使用节约资源和能源的环保技术，使施工对环境的影响不断减小。

（2）施工单位要不断地总结积累绿色施工经验，对绿色施工方案进行不断完善，还要健全施工现场的管理办法。要根据不同施工项目的侧重点对绿色施工进行调整，要加大绿色施工新技术、新工艺的研究力度，使绿色施工技艺得到不断创新和发展。

（3）在装饰装修施工开展之前，可以将整个施工过程利用先进的电子技术通过模拟的方式演示出来，这样有利于施工单位准确计算材料的用量，还能够提前预见对施工不利的因素，这样施工人员就可以制定相应的控制措施，有利于施工成本的降低。

6. 绿色施工管理

绿色施工管理主要包括组织管理、规划管理、实施管理、评价管理和人员安全与健康管理五个方面。

（1）组织管理：成立装饰装修绿色施工管理领导小组和技术小组，架构整体组织和机制运行框架，确定装饰装修工程绿色施工要达到的目标和相应的管理措施，保证施工完成后各项指标符合相关规定，有害物质排放达到现行《民用建筑工程室内环境污染控制标准》GB 50325 等室内空气质量标准。

（2）规划管理：编制装饰装修工程绿色施工方案。该方案应在施工组织设计中独立成章，由环境专业人员和施工经验丰富的技术人员不断磋商讨论，确保制定的装饰装修工程绿色施工方案可行性，减少与工期、成本等因素的冲突，满足要求后按有关规定进行审批。

（3）实施管理：装饰装修工程绿色施工应对整个施工过程实施动态管理，加强对施工策划、施工准备、材料采购、现场施工、工程验收、绿色施工评价等各阶段的管理和监督，各阶段尽量减少环境负荷，满足绿色施工要求；应结合装饰装修工程项目的特点，有针对性地对绿色施工作相应的宣传，通过宣传营造绿色施工的氛围，使施工人员和技术管理人员通过对绿色施工环境的耳濡目染，潜意识里对绿色施工达成共识，一步步向绿色施工迈进；定期对职工进行绿色施工知识培训，增强职工绿色施工意识，使员工认识到绿色施工的重要性，可适当制定相应奖惩措施来鼓励员工，使其积极主动地进行绿色施工。

（4）评价管理：对照装饰装修工程绿色施工评价的指标体系，结合工程特点，对绿色施工的效果及采用的新技术、新设备、新材料与新工艺进行定期自我评估，评估结果用于施工过程中动态调节，做得不足或不到位的地方加以改正，保证全程实施绿色施工；成立专家评估小组，对装饰装修工程绿色施工方案、实施过程至项目竣工，进行综合评估，评出该绿色施工水平的得分总数，加以总结讨论，逐步完善。

（5）人员安全与健康管理：制定施工防尘、防毒、防辐射等职业危害的措施，装饰装修材料采购时以满足有毒物质最小排放量的要求，严格控制装饰装修施工现场空气有害气体含量，保障施工人员的职业健康；合理布置施工场地，保证装饰装修施工中不产生大量空气污染物和有毒气体而影响生活及办公区的正常活动，施工现场建立卫生急救、保健防疫制度，在安全事故和疾病疫情出现时提供及时救助；为装饰装修施工人员提供良好的生活环境，保障施工人员的健康，同时加强对施工人员的住宿、膳食、饮用水等生活卫生管理，做好生活区卫生防疫工作。

第3节　专业放线机器人施工放线技术

4.3.1　前期准备

（1）获取项目基本信息；

（2）审阅施工图纸；

（3）策划放线方案；

（4）准备好相关放线机器人设备及相关放线标注工具。

4.3.2　现场放线的操作流程

清扫场地和墙面浮灰→放空间线及楼层主轴线和 1m 标高线→现场尺寸测量及定点数据收集→根据测量收集的实际数据调整施工电子档图纸尺寸→在电子档图纸上预定放线需要的基准点及放线点位→将完整的图纸及数据文档导入放线机器人的手持终端设备中→在预订位置架设放线机器人→校正放线机器人各设备→拾取基准点，完成放线机器人定位→使用手持终端进行放样点的放线定点→用记号笔标注放样点→将放样点按造型顺序连接→完善放线标注工作→现场放线技术交底。

4.3.3　现场放线注意事项

1. 放空间线及楼层主轴线和 1m 标高线

（1）纵横主轴线和 1m 水平标高线的复测：根据土建或相关单位提供的建筑原始标高基准点，结合现场和装饰装修施工图尺寸标高要求确定各空间的放线主控纵横轴线和水平标高线，并保证纵横轴线的相互垂直，轴线与相应的建筑结构轴线平行，同楼层的整体完成面 1m 标高线应在同一水平面上；

（2）此步骤的主轴线精准定位很重要，主轴线将会反映到施工图电子文档中，便于使施工图与现场空间建立共同的参照轴线。

2. 现场尺寸测量及定点数据收集

（1）现场尺寸的测量以已放出的横纵主轴线为测量依据或已有的测量数据尺寸关系（后期调整施工图电子文档时，先在图纸中绘制出横纵主轴线，并以此为基础结合所测量的数据调整相关图纸）；

（2）以最少放线站点，最大程度覆盖装饰造型点为设站原则选取放线时的机器放置点；通常设置在装饰空间入口处、开阔空间的中心纵横轴线交叉处附近等；

（3）预选取放置点后还需要在机器放置点附近明确选取适合于机器人采集角度的一组点位（2～3 个点，一般在空间的纵横主轴线上确定），通过该组点位相互间的空间关系准确地定位到放线机器人的具体站位点。

3. 根据测量收集的实际数据调整施工电子文档图纸尺寸

（1）将现场测量的空间实际尺寸和机器建站点位、每个机器建站点位相关的每组基准点位数据和空间关系输入施工图电子文档中；

（2）使用放线机器人的专业软件、插件，按使用要求对不同点位进行名称标注和区分；

（3）在电子文档图纸中根据装饰装修墙、顶、地等造型选择需要放线的关键点按逻辑顺序进行区分标注；

（4）将整理优化好的施工图电子文档通过专业软件导入放线机器的手持终端内（类似于操作平板电脑）。

4. 在预订建站点位架设放线机器人

（1）保证机器稳定和点位架设准确后进行初步水平调节，开机后进入精细调平和校准程序，精细校准水平精度至 1/10（每千米误差 10 毫米）；

（2）开启放线机器人和手持终端设备的无线连接，通过放线机器人的配套棱镜模式、激光模式开始拾取机器内设定的基准点和现场空间预定基准点（两点能够重叠）。此步骤需要经过多次微调拾取基准点，直至手持终端设备程序中显示"很好""非常好"时，方可建立该放线站点。

5. 使用手持终端进行放样点的放线定点

放线机器人在现场的准确站点固定后，可以开展图纸内任意造型的放线工作，甚至可实现装饰空间悬吊点的定位。

点击放线机器人手持终端内预先设置的造型放线放样的关键点，由放样机器人自动将激光照射到对应原始墙、顶、地位置（最高精度 1.5 毫米），并根据机器提供的空间关系准确用记号笔进行放线关键点位标注。

6. 完善放线标注工作

根据放线策划需要，对需要放线的造型、基层、面层等控制线的放线关键点进行弹线并连接成现场施工需要的具体控制线和造型形状，同时结合具体情况进行尺寸和名称的喷涂标注。

7. 现场放线技术交底

现场放线工作结束后，需要放线技术人员对项目技术负责人、施工员和班组技术工人等进行空间放线的详细交底，并要求严格按放线尺寸数据进行施工。同时放线机器人内的所有放线数据可导出并经过简单调整归纳，形成面层材料外加工单，实现施工现场的外加工材料的提前下单加工，节约施工工期。

第 4 节　利用三维扫描仪、BIM 软件进行装饰空间复杂异形造型的技术

4.4.1　前期准备

（1）获取项目基本信息；

（2）审阅并优化施工图纸；

（3）项目异形空间造型的扫描、建模、下单策划方案；

（4）准备好相关三维扫描仪、BIM 相关建模及下单软件。

4.4.2　工艺流程

清扫场地→现场设置基准标靶点→使用三维扫描仪采集原始空间点云数据→自动拼站生成点云数据模型→通过点云数据模型校对二维施工图纸→调整二维图纸相关异形造型的尺寸→利用 BIM 软件 1∶1 创建异形模型→通过 BIM 下单插件导出异形模型的下单数据→将模型及数据传输至工厂进行生产→现场进行技术交底。

4.4.3　操作要点

1. 现场设置基准标靶点

按照方便校对二维施工图纸的原则，在装饰空间设置一组（空间的中心位置且距离相近方位不同的 2～3 个关键点）进行明显标注的三维扫描基准标靶点，一般情况下标靶点设置在现场轴网交汇点上方。

2. 使用三维扫描仪采集原始空间点云数据

（1）对装饰空间进行扫描时，需要将设置好的基准标靶点扫描到点云数据模型中；

（2）对异形装饰空间进行多方位扫描（保证扫描能覆盖需要下单的全部空间），以便扫描仪建立三维点云模型。

3. 自动拼站生成点云数据模型

技术人员或 BIM 专业人员使用专业扫描软件将三维扫描仪多次采集的点云数据自动拼站生成现场三维点云模型。

4. 通过点云数据模型校对二维施工图纸

（1）以预先设置的基准标靶点为标准，找出标靶点在二维施工图纸中的具体位置后，进行原始三维扫描点云数据模型和二维施工图纸的叠加空间尺寸校对（或碰撞试验）；

（2）如原始空间尺寸满足不了施工图设计的装饰异形造型尺寸，则需找出原因，并讨论确定异形造型设计变更方案。

5. 利用 BIM 软件 1∶1 创建异形模型

（1）根据确认后的异形造型控制数据进行 BIM 建模：用 BIM 相关插件提取扫描点云数据模型轮廓线条，再将线条导入 BIM 专用软件中，利用参数化插件创建双曲面或多曲面的异形模型；

（2）建模时需要参照生产工厂的综合生产能力（如机器的最大生产尺寸、智能化生产能力等），并根据方便现场安装落地的原则对整体异形造型进行建模模型拆分，当分块拆分时需要确定分块后组装拼接的方式。

6. 通过 BIM 下单插件导出异形模型的下单数据

（1）如加工厂加工设备为数控智能软件控制，可以和 BIM 建模数据直接对接，则可选择将整体建模数据传输到工厂进行生产；

（2）如加工厂的相关技术落后，则可在 BIM 软件中将模型数据转化为传统的生产下料尺寸单形式。

7. 现场进行技术交底

应组织项目部相关施工技术人员和班组专业施工工人进行技术交底，要求施工现场的异形造型安装基层或相关现场施工配合必须按建模下单的尺寸进行控制施工。

第 5 节　卫生间 JS 涂膜防水施工工艺

4.5.1　概述

JS 防水涂料是指聚合物水泥防水涂料，又称 JS 复合防水涂料，其中，J 是指聚合物，S 指水泥（"JS"为"聚合物水泥"的拼音字头）。JS 防水涂料是一种由聚丙烯酸酯乳液、乙烯-醋酸乙烯酯共聚乳液等聚合物乳液与各种添加剂组成的有机液料，是和水泥、石英砂、轻重质碳酸钙等无机填料及各种添加剂所组成的无机粉料通过合理配比、复合制成的一种双组分、水性建筑防水涂料。

JS 防水乳胶为绿色环保材料，它不污染环境、性能稳定、耐老化性优良、防水寿命长；使用安全、施工方便，操作简单，可在无明水的潮湿基面直接施工；粘结力强，材料与水泥基面粘结强度可达 0.5MPa 以上，对大多数材料具有较好的粘结性能；材料弹性好、延伸率可达 200%，因此抗裂性、抗冻性和低温柔性优良；施工性好，不起泡，成膜效果好、固化快；施工简单，刷涂、滚涂、喷涂、刮抹施工均可。

JS 防水乳胶基本色为白色，具有明显的热反射功能，对较传统的黑色屋面可起到隔热效果，可调制成彩色，对屋顶和外墙起到装饰美化作用。涂层整体无接缝，具有能适应基层微量变化等特点。JS 防水乳胶具有有机分子极性基团，因而与很多极性材料有很好的粘结性，如与高聚物改性沥青卷材、聚乙烯丙纶卷材、三元乙丙卷材等均有良好的粘结性。尤其代替108聚乙烯醇胶与水泥调和后粘结聚乙烯丙纶卷材，对于提高防水层的抗渗、抗裂、柔韧等综合性能，效果突出。

4.5.2　主要特点

1. 湿面施工；涂层坚韧高强；

2. 加入颜料可做成彩色装饰层；

3. 无毒、无味，可用于食用水池的防水；

4. 适用于有饰面材料外墙、斜屋面的防水，立面、斜面和顶面上施工，能与基面及饰面砖、屋面瓦、水泥砂浆等各种外层材料牢固粘结；

5. 耐高温（140℃），尤其适用于道路及桥梁防水；

6. 调整配合比，可制作瓷砖粘结材料和密封材料。

4.5.3　工法选择

1. 基面→打底层→下涂层→上涂层；

2. 基面→打底层→下涂层→中涂层→上涂层；

3. 基面→打底层→下涂层→无纺布层→中涂层→上涂层。

4.5.4　施工要点

1. 基面要求平整、牢固、干净、无明水、无渗漏，裂缝处须先找平，阴阳角应做成圆弧角（图4-1、图4-2）。

图4-1　墙角处理　　　　　　　　　　图4-2　浴缸底部处理

2. 准确配料：严格按配合比要求进行配料，使用时只需将粉料边搅拌边慢慢加入到对应液料中，并充分搅拌至均匀细腻、不含团粒。

3. 涂覆要领

（1）用滚子或刷子涂覆，根据选定的工法的次序逐层完成（图4-3、图4-4）；

（2）若涂料（尤其是打底料）有沉淀应随时搅拌均匀；

（3）涂覆要尽量均匀，不能局部沉积；

（4）各层之间的时间间隔以前一层涂膜干固不粘手为准；

（5）工法3中的下涂层、无纺布层和中涂层必须连续施工。

图 4-3　防水乳胶滚刷　　　　　　　　　　　图 4-4　防水乳胶涂刷

4. 保护层与装饰层施工

JS-I 型保护层或装饰层施工须在防水层完工 2d 后进行，粘贴块材（如地板、瓷砖、马赛克等）时，将 JS 防水涂料按液料：粉料＝1：2 调成腻子状，即可用作胶粘剂。JS-II 型可在面层施工同时粘贴保护层（图 4-5）。

5. 质量要求与工程检验

防水层施工完毕后，应认真检验整个工程的各个部分，特别是薄弱环节，发现问题及时修复，涂层不应有裂纹、翘边、鼓泡、分层等现象。蓄水试验须等涂层完全干燥固化后方可进行，一般情况下需 48h 以上，在特别潮湿又不通风的环境中需更长时间。厕浴间防水做完后，以蓄水 24h 不渗漏为合格。屋面防水做完后，应检查排水系统是否畅通、有无渗漏（可在雨后或持续淋水 2h 以后进行，有条件蓄水的屋面可用 24h 蓄水检查），详见图 4-6。

另外，完成卫生间的地面面层施工后，还需要做二次蓄水试验。

图 4-5　保护层施工　　　　　　　　　　　图 4-6　蓄水试验

第 6 节　GRG 造型板安装工艺

4.6.1　概述

GRG 板即玻璃纤维增强石膏板，是一种特殊改良纤维石膏装饰材料，其造型的随意性使其成为个性化的首选。它独特的材料构成方式可以抵御外部环境影响，但其外形设计复杂且新颖别致，因此施工难度也很高。

4.6.2 工艺流程

测量、放线→设计大样图及复核尺寸→GRG 板工厂加工→钢结构转换层放线定位→钢结构制安→GRG 板吊装→接缝处理及配合设备开孔→饰面处理。

4.6.3 施工要点

1. 测量、放线

结合原始结构施工图与总包方沟通，采用全站仪、钢尺、线锤等测量工具，将纵横两方向的轴线测设到建筑物天棚需要安装 GRG 板的部位上去。轴线宜测设成网格状，如原图轴线编号不够，可适当增加虚拟的辅助轴线。方格网控制在 3m×3m 左右（弧形轴线测设成弧线状）。测设完成的轴线用墨线弹出，并醒目标出轴线编号，不能弹出的部位可将轴线控制点引伸或借线并做标记。轴线测设的重点应该是起点线、终点线、中轴线、转折线、洞口线、门边线等具有特征的部位，以作为日后安装的控制线。

根据测设好的轴线，用小尺精确量出每个结构部分的详细尺寸，由 3 人合作往返测量，1 人读后尺，1 人读前尺，1 人记录。返测时读尺员前后互换，以避免偶然的误差，尺寸要求精确到毫米。使用水平仪，将各个有特征部位的标高测出，并标注在平面（或立面）上，尺寸精确到毫米。将现场实测的尺寸和标高绘制成图，与原土建图纸和装饰设计理念图纸做对比，加上钢结构转换层和施工作业必要的操作面厚度后，若超出了装饰设计理念图的范围（即 GRG 材料包不住结构），则应马上汇报给建设单位及设计单位做设计参数及几何尺寸的调整。

当前许多工程项目结合和采用三维全景扫描仪等先进工具，结合 BIM 软件绘制输出等，可对复杂空间进行准确、快捷的测量、放线。

2. GRG 板工厂加工

工厂收到经现场传来的经确认的深化图后进行加工生产。项目使用的 GRG 产品是使用高品质石膏制成，其材料能提供稳定的物理强度，并且石膏分子的细致可让产品完成面更光滑平顺，可充分表现工程多曲面的特性。

产品采用目前较为先进的电脑数码控制自动铣床机（CNC）刨铣制模，因此能提供一个高精的 GRG 模具（人工制模用于不规则抛物面时，无法提供每个面完全相符的三维立体造型，通过电脑数控后三维施工设计图所有能表现的任何抛物面，皆可通过其完成），模具制作完成后将进行 GRG 板的生产，其制作过程如下：

模具检查→第一层石膏浆灌置→第一层玻璃纤维板置放→安放预埋金属吊件→第二层石膏浆灌置→第二层玻璃纤维板置放→第三层石膏浆灌置→第三层玻璃纤维板置放→第四层石膏浆灌置→第四层玻璃纤维板置放→背衬石膏浆灌置→GRG 板养护→脱模→品质检查→编号及数量登记→装箱。

3. 钢结构转换层制作安装

现场实测图完成后，出具钢结构转换层布置建议书，具体的钢结构转换层设计将报原设计单位及建设单位审核通过。

在施工中应进行全过程配合测量检查，钢结构制作严禁出现正误差，即只能小，不能大，若尺寸小则在 GRG 板安装时调整。

4. GRG 板安装

（1）工艺流程：钢结构转换层放样→复核标高→转换层施工→隐蔽验收→GRG 板安装→开灯孔、风口→GRG 板饰面处理。

（2）施工要点

1）根据吊顶的设计标高要求，在四周墙上弹线。

2）根据图纸要求定出吊杆的吊点坐标位置。

3）先安装角钢吊杆，然后与预埋件连接固定。

4）对到场的 GRG 板仔细核对编号和使用部位，利用现场测设的轴线控制线，结合水平仪控制标高，进行板块的粗定位、细定位、精确定位，经复测无误后进行下一块的安装，安装的顺序宜由中轴线往两边进行，以将出现的误差消化在两边的收口部位；吊杆间距为 900mm，板材调整用"C"形夹，夹住两片板调整平整度，调整好后用 $\phi 8$ 对敲螺栓固定锁紧。

5）按照专业厂家提供的尺寸、位置开孔。

（3）注意事项

1）为保证吊顶大面积的平整度，安装人员必须根据设计图纸要求进行定位放线，确定标高及准确性，注意 GRG 吊顶位置与管道之间关系，要上下相对应，防止出现吊顶位置与各种管道设备的标高相重叠的矛盾，通过复测要事先解决这一矛盾。根据施工图进行现场安装，并在平面图内记录每一材料的编号。

2）弹线确定 GRG 吊顶的位置使吊顶钢架吊点准确即吊杆垂直。各吊杆受力应均衡，避免吊顶产生大面积不平整。在施工安装每一个交接点用 3mm 厚橡胶垫片予以衬垫，防止声音传导，减小振动。

4.6.4　隐蔽工程（钢结构）验收

1. 工程的隐蔽工程至关重要，工地现场的项目管理人员必须认真熟悉施工图纸，严格检查节点的安装，做好质检记录。

2. 现场管理人员一旦发现现场与施工图纸不一致的情况，必须及时报告设计人员做出必要的修改。

3. 凡隐蔽节点在工地管理人员自检时发现不符合设计图纸要求，除已出具设计变更的，必须及时同建设单位及设计单位进行洽商。

4.6.5　质量验收

1. GRG 材料目前属于新型材料，暂无质量验收标准，建议参照《建筑装饰装修工程质量验收标准》GB 50210—2018 中关于饰面板安装工程检验批质量验收记录表进行验收。

2. GRG 材料表面进行的喷涂处理，应首先进行批嵌即底漆处理，然后再喷面漆。要求成品 GRG 材料表面光滑，无气泡及凹陷处，色泽一致，无色差。

3. 主钢架安装牢固，尺寸位置均应符合要求，焊接符合设计及施工验收规范。

（1）GRG 吊顶表面平整、无凹陷、翘边、蜂窝麻面现象，GRG 板接缝平整光滑；

（2）允许偏差项目（表 4-1）。

主钢架允许偏差表 表 4-1

项次	项目	允许偏差(mm)	检验方法
1	主钢架水平标高	±5	用水平管检查
2	主钢架水平位置	±5	用水平管检查
3	GRG 板表面平整	3	用 2m 靠尺检查
4	GRG 板接缝高低	3	用塞尺检查

4.6.6 控制 GRG 造型板开裂的指导原则

1. GRG 造型板开裂原因分析

（1）原材料质量低劣：使用低质量的 GRG 原材料，造成的单块板面开裂。

（2）图纸深化粗放：图纸深化粗放，导致 GRG 单块模具尺寸精度不够；当精度降低时，两块板之间的拼接就错位。

（3）钢结构转换层沉降：安装之后随着时间的推移，钢结构沉降，两块板拼接就错位，接缝处就会产生裂缝，造成 GRG 板块之间的横竖向直线型开裂。

（4）板缝拼接处理不科学：板与板之间非刚性连接会使 GRG 板稍遇外力影响，板与板之间便会产生裂纹；板缝中填充材料采用不妥及表面批嵌工艺不科学，都会在两块板的接缝处产生裂缝。

2. 防止 GRG 造型板开裂的措施

（1）基层钢结构

1）作为 GRG 基层的钢结构的制作尺寸要严谨，应参考 GRG 板制作的模具规格制定相应的间隔密度。

2）如果顶面造型弧度过大，导致二次转换层结构与 GRG 完成面高度超过 1500mm 时，须采用"剪刀撑"方式用角铁进行加固，防止因吊筋杆过长，导致顶部不稳定致使 GRG 造型板开裂。

3）墙面或立柱部位要加强 GRG 板与钢结构连接件的强度，防止因墙面重量过大下沉而引起 GRG 板开裂；墙面 GRG 板的预埋件应采用 40×40mm "L"形角码。

（2）原材料

原材料选定对防止 GRG 制品开裂至关重要，应严格选择石膏、玻璃纤维两大主材，确保其强度和抗碱性达到规范要求。

1）石膏粉：选用高密度 Alpha 石膏粉为基料，2h 抗折强度不小于 6.8MPa；对采购到厂后的原材料须进行单独检测，保证原材料的合格和稳定性。

2）玻璃纤维：选用专用连续刚性的抗碱无捻玻璃纤维连续丝和抗碱玻璃纤维网格布（图 4-7）。

（3）生产工艺

1）图纸深化：依据设计单位提供的施工蓝图和现场测量放样尺寸进行优化及细化工作；根据绘制的施工图纸利用相关软件制作三维模型，在模型上进行分割取得制模数据。

2）模具：GRG 造型板是在模具上经过层压或喷射工艺而成的预铸式石膏产品，GRG 的准确成形依赖于模具的准确生产，高质量模具的生产是产品质量的必要条件。依据所采

图 4-7　玻璃纤维及石膏粉

集的数据和 3D 模型进行 CNC 编程，使用 CNC 电脑数控雕刻机进行放线和底模雕刻，确保每块底模的尺寸精确。

3）水膏比及玻璃纤维含量：GRG 板的制作配合比严格按设计配合比要求，严格控制水膏比和玻璃纤维含量，这两项指标直接关系 GRG 复合产品的技术参数。

4）层压：在制作过程中经过纤维横、竖、斜几个方向进行预埋，保证玻璃纤维的二维方向均布；每一层预埋后，均采用专用辊轴分层、反复进行不同方向的压实，确保GRG 板的密实性，达到设计厚度。

5）加强肋：GRG 板背面四周增设 50mm 高度的加强肋，一方面可以防止单片产品的变形，另一方面在安装过程中用对穿螺栓连接两片 GRG 产品的加强肋，可防止因钢结构沉降导致产品松动产生裂缝（加强肋打孔处在生产时应预埋木块）（图 4-8）。

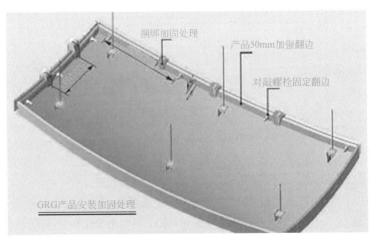

图 4-8　加强肋

6）脱模及养护：GRG 脱模以后，必须采取风干的方式进行干燥处理，夏天一般需12h，冬天需 24h；干燥过程一定要严格检测，使之达到允许的干燥度。产品应竖立摆放、自然风干，不宜采用烘干等快速脱水的方式，快速脱水容易造成产品在脱水过程中发生变形。

7）包装、运输：待 GRG 板材内水分充分挥发后，再加包装及保护层，然后搬动、装车、运输。

（4）安装技术

1）吊顶连接层必须牢固、平整，受力节点应严密、牢固，保证整体刚度。吊顶连接层的尺寸应符合设计要求，纵横拱度应均匀，互相适应；吊顶内结构严禁有硬弯，如有则必须调直再进行固定；边角处的固定点要准确，安装要严密。

2）顶面GRG板安装应根据中轴线定位放线，再从中轴线向两侧安装；墙面GRG板应根据蓝图上的轴线进行区域定位放线，在区域内放出墙体产品完成面的轨迹线；根据3D模型利用红外线水平仪严格控制每片产品的尺寸。

3）每2块GRG板打孔处中间必须放置40×60×9mm小木块，这是保证在每个区域中除调整偏差外还能起到缓冲作用，以保证后期产品与产品中间不会产生裂缝。

4）每个区域安装完成后，在每两块GRG板的背面加强肋处用玻璃纤维进行捆绑处理，捆绑间距为300～400mm，捆绑的作用是保证GRG板背面连接成为一体，防止钢结构沉降导致GRG板松动产生裂缝（图4-9、图4-10）。

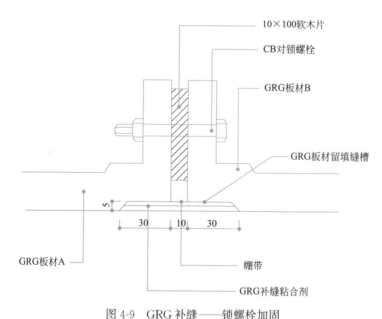

图4-9　GRG补缝——锁螺栓加固

5）为保证预制造型的面层批嵌不开裂，拼缝应根据刚性连接的原则设置，内置木块螺钉连接并分层批嵌处理。批嵌材料采取GRG专用接缝材料。

6）每块GRG板材在制作模具、生产过程应预留补缝工艺槽（补缝工艺槽需低于GRG板完成面5mm）；每个区域安装调顺后，GRG板与GRG板之间的接缝处用GRG专用嵌缝膏填满。

（5）合理设置伸缩缝

大面积GRG顶面、墙面必须设置伸缩缝。

保持室内的通风，避免重物撞击墙体，也是防止GRG板开裂的措施。

综上所述，通过对基层钢结构、主要材料、生产工艺、安装工艺、设置伸缩缝等几方面的控制，可有效控制墙、顶面GRG开裂现象的产生。

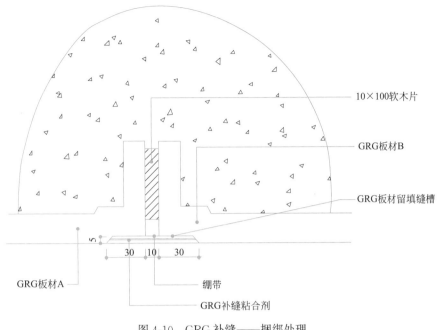

图 4-10　GRG 补缝——捆绑处理

第 7 节　GRG 造型板外粘贴木皮的施工工艺

4.7.1　工艺流程

1. 工艺原理

GRG 板面贴木皮的工艺主要包括制模、灌浆成型、贴木皮等。

（1）制模

根据设计图纸，用原木以及夹板，按 1∶1 的比例，制作成设计所规定的造型，形成"正模"。然后用硅胶或者玻璃钢，对正模进行复制，以形成"反模"，此反模就成为制作 GRG 产品的模具

（2）灌浆成型

GRG 粉与水按特定比例搅拌混合之后，将搅拌物涂刮入模具，并间隔满铺玻璃纤维布，并根据预先计算，间隔埋入预埋吊件，使之形成高强度、抗冲击、柔韧性好的 GRG 产品。

（3）贴木皮

在规定时间内脱模，在受控的 GRG 湿度内（一般情况下控制在 10％左右）采用进口胶对 GRG 板表层进行木皮的粘贴。如有声学要求，宜对贴木皮的 GRG 板先行进行声学测试，才能进行批量生产。

2. 工艺流程

（1）GRG 板的制作生产分为两个阶段，一是按比例、模具尺寸配制 GRG 半成品，二是对 GRG 半成品进行原木木皮的饰面铺贴，主要工艺流程为：图纸深化→设计确认→生产计划→工艺设计→模具制作→计算配料→拌合浆料→灌浆生产→设置预埋件→预埋件加固→积层→产品脱模→干燥→整型清面→出货→包装→终检→一遍底漆→粘贴木皮。

（2）木皮粘贴施工工艺流程

GRG 面整型清面→裁剪木皮→木皮试贴对纹→粘贴剂搅拌→铺粘贴剂→粘贴木皮→木皮清洁剂→木皮修边。

（3）木皮油漆施工工艺流程

木皮表面清理→木皮打磨→润粉→磨平→批嵌腻子→磨光→腻子修补→磨光→上底漆→调色→复补腻子→磨光→第二遍底漆（工厂完成）→磨光（现场完成）→上面漆→磨光→上面漆→打蜡。

（4）顶面安装施工工艺流程

转换层放样→复核标高→转换层施工→隐蔽验收→配合管线安装→GRG 板安装→开灯孔、风口等→补贴木皮。

（5）墙面安装施工工艺流程

墙面钢架基层施工→配合安装工程隐蔽施工→隐蔽验收→GRG 板安装→表面修整→板缝处理→补贴木皮及油漆。

4.7.2　操作要点及质量控制

1. 木皮粘贴

（1）操作环境温度在 10～35℃之间；

（2）必须选用与 GRG 板有良好黏性的胶水；

（3）粘贴剂首选对 GRG 板进行表面处理，并确保 GRG 板含水率小于 12%；

（4）在粘贴木皮前先进行试贴、对纹，然后上胶；

（5）胶水铺设必须均匀、厚薄一致，否则会造成完成后的木皮表面不平整；

（6）把选择好的木皮铺设在 GRG 板上，用软木轻压木皮，直至木皮与 GRG 板粘合，并清理木皮表面的胶水；

（7）每次铺设好的胶水，必须在 2h 内完成木皮的粘贴和清理；

（8）待胶水完全干透后进行木皮的整形和修边处理。

2. 板面贴木皮的质量控制措施

（1）由于室内天花板、墙身的板材是由预制板块拼装而成，故粘贴在板材上的木皮在相邻之间必须保持一致的木纹，包括木纹走向、木纹粗细、木皮的原色等技术指标，粘贴前要进行木皮挑选。

（2）贴木皮前应对板材面层进行除尘处理，保持基层干燥、干净，在板材上的胶水涂刷厚度控制在 1mm 左右，且涂刷均匀。

（3）粘贴木皮的胶水必须选用与装饰完成面相近的颜色，以防在木皮拼断口处因胶水颜色的差异而出现"反底"，对整体观感造成影响。

第 8 节　地暖石材施工工艺

4.8.1　概述

近年来，随着我国能源结构的变化，人们对室内热环境的要求不断提高，采暖方式的节能、环保以及舒适成为现代采暖技术发展的一个基本方向。低温热水地板辐射采暖系统（简称地暖管地面）以其舒适性高、卫生条件好、不占用房间面积、高效节能、环保等优势越来越受到关注。

然而对多个工程实例的调查发现，由于在材料质量、材料配比、施工工艺、养护等方面控制不到位，地暖石材在施工和使用过程中极易产生开裂、起拱、空鼓等质量通病（图4-11），针对以上问题，通过对地暖材料、施工工艺、养护等方面实验研究，目前已制定出控制质量通病的技术规范。

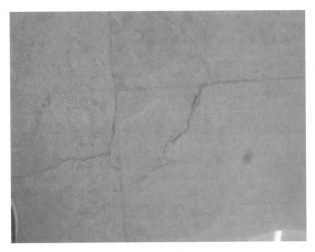

图 4-11　地暖石材开裂空鼓

4.8.2　质量通病原因分析

地暖石材出现空鼓、开裂、起拱等质量通病的原因如下：

1. 石材耐热应力差、抗裂能力低

由于地暖使用过程中石材上下存在温度梯度，使石材内部存在温度应力，当应力大于石材强度时，石材出现开裂现象，因此地暖石材应选择暗裂纹少、抗折强度高、吸水率低、性能优异的石材品种。

2. 石材粘结层耐热应力不够

随着高低温的循环，粘结剂的强度会降低，因此，石材粘结剂应选择粘结强度高、耐高低温循环及具有一定柔性的品种。

3. 石材、找平层、填充层受热变形无法释放

在地暖升温过程中，石材、找平层及填充层会受热膨胀，如没有预留足够的收缩缝，石材会因互相挤压或基层开裂而导致开裂。

4. 填充层强度不够

填充层的强度不能抵消热应力及荷载，导致填充层开裂，进而使石材开裂。

5. 绝热层抗压强度不够

由于绝热层保温板上有填充层、找平层、石材、物件和人等荷载，如抗压强度不够，保温板将变形而导致基层开裂。

6. 地暖水管排布不符合要求

地暖水管排布间距不符合要求或不均匀，导致热量分布不均匀，进而使石材受热不均造成开裂。

7. 防水材料选择不合适

施工使用的防水材料不耐高低温循环而开裂，造成地面渗漏水。

4.8.3 施工工艺

具体研究方案见表4-2。

研究方案分析表 表4-2

序号	原因分析	拟定的研究方案
1	石材耐热应力差、抗裂能力低	1. 拟将常用石材进行系列性能测试，并整理成"石材性能数据库"； 2. 根据"石材性能数据库"筛选出地暖石材的推荐品种
2	石材粘结层耐热应力不够	通过实验，测试不同石材防护剂、胶粘剂及水泥砂浆在标准状态、长期浸水状态、多次冷热循环后黏结强度及柔性变化
3	石材、找平层、填充层受热变形无法释放	对石材、找平层、填充层的膨胀缝进行设计，同时还需要考虑装饰效果
4	填充层强度不够	对填充层豆石混凝土配比、强度等级、使用钢丝网片进行规范化，确保填充层的强度
5	绝热层抗压强度不够	对不同绝热层保温板材料进行密度、压缩强度、吸水率、尺寸稳定性测试，确保保温性、吸水率、尺寸稳定，确保保温板在各种条件下的抗压强度充足
6	地暖水管排布不符合要求	对地暖水管的排列、施工工艺进行规范，确保热量能均匀地传递到上层
7	防水材料选择不合适	通过实验测试不同防水材料耐高温及耐冷热循环性能，防止地暖防水层开裂而产生渗水

1. 地暖石材施工节点图（图4-12）

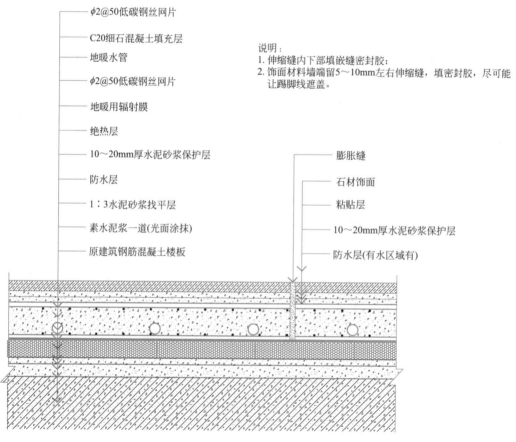

— φ2@50低碳钢丝网片

— C20细石混凝土填充层

— 地暖水管

— φ2@50低碳钢丝网片

— 地暖用辐射膜

— 绝热层

— 10～20mm厚水泥砂浆保护层

— 防水层

— 1:3水泥砂浆找平层

— 素水泥浆一道(光面涂抹)

— 原建筑钢筋混凝土楼板

说明：
1. 伸缩缝内下部填嵌缝密封胶；
2. 饰面材料墙端留5～10mm左右伸缩缝，填密封胶，尽可能让踢脚线遮盖。

— 膨胀缝

— 石材饰面

— 粘贴层

— 10～20mm厚水泥砂浆保护层

— 防水层(有水区域有)

图 4-12 地暖石材铺贴施工节点

2. 施工工艺

基层清理找平（光面做界面处理）→防水层施工→铺设绝热层→铺设反射膜→铺设钢丝网→膨胀缝施工→铺设地暖水管→水管一次试压→填充层施工→水管二次试压→找平层施工→粘结层→石材铺贴→完工养护。

第 9 节　复合石材施工工艺

4.9.1　概述

本节主要介绍复合大理石板墙面的施工工艺。

复合石材墙面施工主要有干挂和湿贴两种施工工艺。

4.9.2　大理石复合板干挂

由于复合石材是两种石材的合成，因此，施工前要特别注意合成石材板的质量和挂件的切口质量。

1. 材料要求

金属骨架采用的钢材的技术要求和性能应符合国家标准，其规格、型号应符合设计图纸要求。

（1）大理石复合板：按设计图纸要求备料，如基材采用的天然花岗岩石材或瓷质砖使用面积大于 $200m^2$ 时，应对不同产品、不同批次材料分别进行放射性指标的抽查复验，其放射性指标应符合有关标准的规定，并按设计要求进行石板外防护处理。

（2）大理石复合板加工质量应符合下列规定：

1）大理石复合板连接部位应无崩坏、暗裂等缺陷；

2）大理石复合板的品种、几何尺寸、形状、花纹图案造型、色泽应符合设计要求；

3）大理石复合板厚度不得小于 20mm。

（3）其他材料。不锈钢垫片，膨胀螺栓：按设计规格、型号选用并应选用不锈钢制品；挂件：应选用不锈钢或铝合金挂件，其大小、规格、厚度、形状应符合设计要求；螺栓：应选用不锈钢制品，其规格、型号应符合设计要求并与挂件配套；另有平垫、弹簧垫、环氧胶粘剂、嵌缝膏（耐候胶）、水泥、颜料等由设计选定。

2. 施工机具

主要机具包括：云石机、台钻、电锤、扳手、靠尺、水平尺、盒尺、墨斗、橡皮锤子等。

3. 作业条件

（1）结构应经验收合格，水、电、通风、设备等应提前完成，并准备好现场加工饰面板所需的水、电源等。

（2）墙面弹好铺贴控制线和标高控制线。

（3）如需脚手架或操作平台应提前支搭好，宜选用双排架子，脚手架距墙间应满足安全规范的要求，同时宜留出施工操作空间，架子的步高要符合实际要求。

（4）有门窗套的必须把门框、窗框立好（位置准确、垂直、牢靠，并考虑安装石板时尺寸的余量）。同时要用 1：3 水泥砂浆将缝隙堵塞严实。铝合金门窗框边缝所用嵌缝材料应符合设计要求，并塞堵密实，事先粘贴好保护膜。

（5）石材等进场后应堆放于室内，下垫方木，核对数量、规格，并预铺对花、编号，正式铺贴时按号铺贴。

（6）大面积施工前应放出施工大样，并做样板，经质检部门鉴定合格后方可按样板工艺操作施工。

（7）对进场的石料应进行验收，颜色不均匀时应进行挑选，必要时进行试拼编号。

4. 工艺流程

干挂复合石材施工分为短槽式和钢针式两种。

工艺流程为：吊垂直、套方找规矩→龙骨固定和连接→石板开槽、打孔→挂件安装→擦缝、打胶。

5. 操作要点

（1）吊垂直、套方找规矩（略）

（2）龙骨固定和连接（略）

（3）石板开槽、打孔

1）短槽式

将复合大理石板临时固定，按设计位置用云石机在石板的上下边各开两个短平槽。短平槽的长度不应小于100mm，在有效长度内槽深不宜小于15mm；开槽宽度宜为6～7mm（挂件：不锈钢支撑板厚度不宜小于3mm、铝合金支撑板厚度不宜小于4mm）。弧形槽的有效长度不应小于80mm。两挂件间的距离一般不应大于600mm。设计无要求时，两短槽边距离石板两端部的距离不应小于石板厚度的3倍且不应小于85mm，也不应大于180mm。石板开槽后不得有损坏或崩边现象，槽口应打磨成45°倒角，槽内应光滑、洁净。开槽后应将槽内的石屑吹干净或冲洗干净。

2）钢针式

将石板固定，按设计位置用台钻打垂直孔，打孔深度宜为22～23mm，孔径宜为7～8mm（钢销直径宜为5～6mm，钢销长度宜为40～50mm）。设计无要求时，钢销的孔位应根据石板的大小而定。孔位距离边端不得小于石板厚度的3倍。也不得大于180mm；钢销间距不宜大于600mm；边长不大于1m时每边应设两个销钉，边长大于1m时应复合连接。开孔后石板的钢销孔处不得有损坏或崩裂的现象，孔内应光滑，洁净。

（4）挂件安装

1）短槽式

首层石板安装。将沿地面层的挂件进行检查，如平垫、弹簧垫安放齐全则拧紧螺帽。将石板下的槽内抹满环氧树脂专用胶，然后将石板插入；调整石板的左右位置找完水平、垂直、方正后将石板上槽内抹满环氧树脂专用胶。将上部的挂件支撑板插入抹胶后的石板槽并拧紧固定挂件的螺帽，再用靠尺板检查有无变形。等环氧树脂胶凝固后按同样方法按石板的编号依次进行石材板的安装。首层板安装完毕后再用靠尺板找垂直、水平尺找平整、方尺找阴阳角方正、用游标卡尺检查板缝，发现石板安装不符合要求应进行修正。按上述方法的第2、3步进行第2层及各层的石板安装。

2）钢针式

首层石板安装。对沿地面层的挂件（俗称舌板）进行检查，如平垫、弹簧垫安放齐全则拧紧螺帽。

将石板下的孔内抹满环氧树脂专用胶并插入钢针，然后将石板插入；调整石板的上下、左右缝隙位置找完水平、垂直、方正后将石板上孔内抹满环氧树脂专用胶。

将石板上部固定不锈钢舌板的螺帽拧紧，将钢针穿过不锈钢舌板孔并插入石板空底，再用靠尺检查有无变形。等环氧树脂胶凝固后按同样方法按石板的编号依次进行石板块的安装。首层板安装完毕后再用靠尺板找垂直、水平尺找平整、方尺找阴阳角方正、用游标卡尺检查板缝，如有石板安装不符合要求应进行休整。按上述方法的第 2、3 步进行第 2 层以上几个层的石板安装。

在第 2 层以上石板安装时，如石板规格不准确或水平龙骨位置偏差造成挂件与水平龙骨之间有缝隙，则应在挂件与龙骨之间用不锈钢垫片予以垫实。

首层石板安装时，如沿地面的挂件无法按正常方法施工，可采取以下方法：在地面标高线向上的墙面上 100mm 高处安装水平龙骨，并固定 135°的不锈钢干挂件，调整好石材的平整度、垂直度后将上部的挂件支撑板插入抹胶后的石板槽并拧紧固定挂件的螺帽。

（5）擦缝、打胶（略）

6. 质量标准

（1）主控项目

1）干挂复合石材墙面所用的材料的品种、规格、性能和等级，应符合设计要求及国家产品标准和工程技术规范的规定。石材的弯曲强度不应小于 8.0MPa；吸水率应小于 0.8%。干挂复合石材墙面的铝合金挂件厚度不应小于 4.0mm，不锈钢挂件厚度不应小于 3.0mm。

2）干挂复合石材墙面的造型、立面分格、颜色、光泽、花纹和图案应符合设计要求。

3）石材孔、槽的数量、深度、位置、尺寸应符合设计要求。

4）干挂复合石材墙面主体结构上的预埋件和后置埋件的位置、数量及后置埋件的拉拔力必须符合设计要求。

5）干挂复合石材墙面的金属框架立柱与主体结构预埋件的连接、立柱与横梁的连接、连接件与金属框架的连接、连接件与石材板面的连接必须符合设计要求，安装必须牢固。

6）金属框架和连接件的防腐处理应符合设计要求。

7）干挂复合石材墙面的防火、保温、防潮材料的设置应符合设计要求，填充应密实、均匀、厚度一致。

8）各种结构变形缝、墙角的连接点应符合设计要求和工程技术标准的规定。

9）石材表面和板缝的处理应符合设计要求。

10）干挂复合石材墙面的板缝注胶应饱满、密实、连续、均匀、无气泡，板缝宽度和厚度符合设计要求和技术标准的规定。

（2）一般项目

1）干挂复合石材墙面的表面应平整、洁净，无污染、缺损和裂痕。颜色和花纹协调一致，无明显色差，无明显修痕。

2）干挂复合石材墙面的压条应平直、洁净，接口严密，安装牢固。

3）石材接缝应横平竖直、宽窄均匀；阴阳角石板压向正确，板边合缝应顺直；凸凹线出墙厚度应一致，上下口应平直；石材面板上洞口、槽边应套割吻合，边缘应整齐。

4）干挂复合石材墙面的密封胶缝应横平竖直、深浅一致、宽窄均匀、光滑顺直。

5）每平方米石材的表面质量和验收方法应符合表 4-3 的规定。

每平方米石材的表面质量和验收方法   表 4-3

项次	项　　目	质量要求	检验方法
1	裂痕、明显划伤和长度大于 100mm 的轻微划伤	不允许	观察
2	长度大于 100mm 的轻微划伤	≤8 条	用钢尺检查
3	擦伤总面积	≤500mm²	用钢尺检查

6）干挂复合石材墙面的允许偏差和检验方法应符合表 4-4 的规定：

干挂复合石材墙面的允许偏差和检验方法   表 4-4

项次	项目	允许偏差（mm）	检验方法
1	立面垂直度	2	2m 垂直检测尺检查
2	表面平整度	2	2m 靠尺、塞尺检查
3	阴阳角方正	2	直角检测尺、塞尺检查
4	接缝直线度	2	拉 5m 通线、不足 5m 拉通线、钢直尺检查
5	勒角上口直线度	2	拉 5m 通线、不足 5m 拉通线、钢直尺检查
6	接缝高低差	0.5	钢直尺、塞尺检查
7	接缝宽度差	1	钢直尺检查

7. 成品保护

（1）安装好的石板应有切实可靠的防止污染措施；要及时清擦残留在门框、玻璃和金属饰面板上的污物，特别是打胶时在胶缝的两侧宜粘贴保护膜，预防污染。

（2）合理安排施工顺序，专业工种（水、电、通风、设备安装等）的施工应提前做好隐检，经隐检合格后方可进行面板施工，防止损坏、污染外挂石材饰面板。

（3）饰面完工后，易磕碰的棱角处要做好成品保护工作，其他工种操作时不得划伤和碰坏石材。

（4）拆改架子和上料时，注意不要碰撞干挂复合石材饰面板。

（5）施工中环氧胶未达到强度不得进行上一层的板施工，并防止撞击和振动。

8. 应注意的问题

（1）饰面板面层颜色不均

其主要原因是施工前没有进行试拼、编号和认真挑选。

（2）线角不直、缝格不均、墙面不平整

主要是施工前没有认真按照图纸核对实际结构尺寸，进行龙骨焊接时位置不准确，未认真按加工图纸尺寸核对来料尺寸，加工尺寸不正确，施工中操作不当等造成。线角不直、缝格不均问题应通过对进场材料严格进行检查解决，不合格的材料不得使用；线角不直、墙面不平整应通过施工过程中加强检查来进行纠正。

（3）墙面污染

打胶勾缝时未贴胶带或胶带脱落，打胶污染后未及时进行清理，易造成墙面污染，可用小刀或开刀进行刮净。竣工前要自上而下地进行全面彻底的清理擦洗。

（4）高处作业应符合现行行业标准《建筑施工高处作业安全技术规范》JGJ 80 的相关规定；脚手架搭设应符合有关规范要求；现场用电应符合现行行业标准《施工现场临时用电安全技术规范（附条文说明）》JGJ 46 的相关规定。

4.9.3　复合石材墙面湿贴

1. 材料准备

（1）水泥：一般采用强度等级为 32.5 或 42.5 的普通硅酸盐水泥和矿渣硅酸盐水泥。水泥应有出厂合格证书及性能检测报告。水泥进场需核对其品种、规格、强度等级、出厂日期等，并进行外观检查，做好进场验收记录。当水泥出厂超过 3 个月时应按试验结果使用。

（2）砂子：粗砂或中砂，用前过筛。不得含有草木、泥沙等杂质，含泥量不得大于 3%。

（3）复合石材：应符合设计及国家产品标准规范的规定，对室内用复合石材的放射性应进行进场取样复验。

（4）石材防护剂：石材防护剂的使用应符合设计要求。石材防碱涂料是在石材板背面涂刷，以防止因灌浆水泥水化时析出大量氢氧化钙而影响石材表面的装饰效果（俗称泛碱）。

（5）其他材料：如熟石膏、铜丝或镀锌钢丝、铅皮、硬塑料板条、配套挂件；应配备适量与复合石材等颜色接近的各种石渣和矿物颜料，胶和填塞饰面板缝隙的专用塑料软管等。

2. 主要机具

磅秤、铁板、半截大桶、小水桶、铁簸箕、平锹、手推车、塑料软管、胶皮碗、喷壶、合金钢钻头、操作支架、台钻、铁制水平尺、方尺、靠尺板、底尺、托线板、线坠、粉线包、高凳、木楔子、小型台式砂轮、裁改石材用砂轮、全套裁割机、开刀、灰板、木抹子、铁抹子、细钢丝刷、笤帚、大小橡皮锤子、小白线、铅丝、擦布或棉丝、老虎钳子、小铲、盒尺、钉子、红铅笔、毛刷、工具袋等。

3. 工艺流程

钻孔、剔槽→穿铜丝或镀锌铅丝→焊钢筋网→弹线→石材防护剂（防碱）处理→基层准备→安装花岗石→分层灌浆→擦缝、清洁。

4. 操作要点

（1）钻孔、剔槽

安装前先将复合石材按照设计要求用台钻打眼，事先应钉木架使钻头直对板材上端面，在每块板的上、下两个面打眼，孔位打在距板宽的两端 1/4 处，每个面各打两个眼，孔径为 5mm，深度为 12mm，孔位距石板背面以 8mm 为宜。如复合石材板材宽度较大时，可以增加孔数。钻孔后用云石机轻轻剔一道槽，深 5mm 左右，连同孔眼形成象鼻眼，以备埋卧铜丝之用。

若复合石材规格较大，如下端不好拴绑镀锌钢丝或铜丝时，亦可在未镶贴饰面的一侧，采用手提轻便小薄砂轮，按规定在板高 1/4 处上下各开一槽（槽长 30～40mm，槽深约 12mm 与复合石材背面打通，竖槽一般居中，亦可偏外，但以不损坏外饰面板和不泛碱为宜），可将镀锌铅丝或铜丝卧入槽内，便可拴绑与钢筋网固定。此法亦可直接用于镶贴现场。

（2）穿铜丝或镀锌铅丝

把备好的铜丝或镀锌铅丝剪成 20mm 左右，一端用木楔粘环氧树脂将铜丝或镀锌铅丝插入孔内固定牢固，另一端将铜丝或镀锌铅丝顺孔槽弯曲并卧入槽内，使复合石材石板上下端面没有铜丝或镀锌铅丝凸出，以便和相邻石板接缝严密。

（3）焊钢筋网

首先剔出墙上的预埋件，把墙面镶贴石材的部位清扫干净。先绑扎一道竖向直径 6mm 钢筋，并把绑好的竖筋用预埋筋弯压于墙面。横向钢筋为绑扎复合石材板所用，如板材高度为 600mm 时，第一道横筋在地面以上 100mm 处与主筋绑牢，用作绑扎第一层板材的下口固定铜丝或镀锌铅丝。第二道横筋绑在 500mm 水平线上 70～80mm，比石板上口低 20～30mm 处，用于绑扎第一层石板上上口固定铜丝或镀锌铅丝，再往上每 600mm 绑一道横筋即可。

（4）弹线

首先将要贴复合石材的墙面、柱面和门窗套用大线坠从上至下找出垂直。应考虑复合石材板材厚度、灌注砂浆的空隙和钢筋网所占尺寸，一般为复合石材外皮距结构面的厚度，以 50～70mm 为宜。找出垂直后，在地面顺墙弹出复合石材等外廓尺寸线。此线即为第一层复合石材等的安装基准线。编好号的复合石材板等在弹好的基准线上画出就位线，每块留 1mm 缝隙（如设计要求拉开缝，则按设计规定留出缝隙）。

（5）石材防护剂（防碱）处理

石材表面充分干燥（含水率应小于 8%）后，用石材防护剂进行石材背面及四边切口的防护处理。石材正立面保护剂的使用应根据设计要求。如设计要求立面涂刷保护剂，此道工序必须在无污染的环境下进行，将石材平放于木方上，用羊毛刷蘸上防护剂，均匀涂刷于石材表面，涂刷必须到位，第一遍涂刷完间隔 24h 后，用同样的方法涂刷第二遍石材防护剂。

（6）基层准备

清理预作复合石材的墙体表面，要求墙面无疏松层、无浮土和污垢，清扫干净。同时进行吊直、套方、找规矩，弹出垂直线水平线，并根据设计图纸和实际需要弹出安装石材的位置线和分块线。

（7）安装复合石材

按部位、按编号取石板用铜丝或镀锌铅丝，将石板就位，石板上口外仰，右手伸入石板背面，把下口铜丝或镀锌铅丝绑扎在横筋上，绑时不要太紧，可留余量，只要把铜丝或镀锌铅丝和横筋拴牢即可，把石板竖起，便可绑复合石材板上口铜丝或镀锌铅丝，并用木楔子垫稳，块材与基层间的缝隙一般为 30～50mm。用靠尺板检查调整木楔，再拴紧铜丝或镀锌铅丝，依次向另一方进行。柱面可按顺时针方向安装，一般先从正面开始。第一层安装完毕再用靠尺板找垂直，水平尺找平整，方尺找阴阳角方正，在安装石板时如发现石板规格不准确或石板之间的空隙不符，应用铁皮垫牢，使石板之间缝隙均匀一致，并保持第一层石板上口的平直。找完垂直、平直、方正后，用碗调制熟石膏，把调成粥状的石膏贴在复合石材板上下之间，使这两层石板结成一整体，木楔处亦可粘贴石膏，再用靠尺检查有无变形，等石膏硬化后方可灌浆（如设计有嵌缝塑料软管者，应在灌浆前塞放好）。

（8）分层灌浆

把配合比为 1：2.5 水泥砂浆放入半截大水桶加水调成粥状，用铁簸箕舀浆徐徐倒入，注意不要碰到石材板，边灌浆边用小铁棍轻轻插捣，使灌入砂浆排气。第一层浇灌高度为

150mm，不能超过石板高度的 1/3，隔夜再浇筑第二层，每块板分三次灌浆，第一层灌浆很重要，因要锚固石材板的下口铜丝又要固定石材板，所以要谨慎操作，防止碰撞和猛灌。如发生石材板外移错动应立即拆除重新安装。

（9）擦缝、清洁

全部石板安装完毕后，清除所有石膏和余浆痕迹，用麻布擦洗干净，并按石材板颜色调制色浆嵌缝，边嵌边擦干净，使缝隙密实、均匀、干净、颜色一致。

安装柱面复合石材石，其弹线、钻孔、绑钢筋和安装等工序与镶贴墙面方法相同，要注意灌浆前用木枋子钉成槽形木卡子，双面卡住石材板，以防止灌浆时复合石材板外胀。

5. 质量标准

（1）主控项目

1）复合石材的品种、规格、颜色、图案，必须符合设计要求和有关产品标准的规定。

2）室内用复合石材放射性复验应符合国家现行有关标准规范的规定。

3）复合石材上开孔、槽的数量、位置和尺寸应符合设计要求。

4）复合石材安装工程的预埋件（或后置埋件）、连接件的数量、规格、位置、连接方法和防腐处理必须符合设计要求。后置埋件的现场拉拔强度必须符合设计要求。复合石材安装必须牢固。

（2）一般项目

1）复合石材表面应平整、洁净、色泽一致，无裂纹和缺损。复合石材表面应无泛碱等污染。

2）复合石材嵌缝应密实、平直，宽度和深度应符合设计要求，嵌填材料色泽应一致。

3）用湿作业法施工的复合石材应进行防碱背涂处理。复合石材与基体之间的灌注材料应饱满、密实。

4）复合石材上的空洞应套割吻合，边缘应整齐。

5）复合石材安装的允许偏差和检验方法应符合表 4-5 的规定。

复合石材允许偏差及检验方法　　　　　　　　　表 4-5

项次	项目	允许偏差（mm）	检验方法
1	立面垂直度	2	用 2m 托线板和尺量检查
2	表面平整度	2	用 2m 靠尺和楔形塞尺检查
3	阴阳角方正	2	用 20cm 方尺和楔形塞尺检查
4	接缝直线度	2	拉 5m 通线，不足 5m 拉通线和尺量检查
5	墙裙上口平直	2	拉 5m 通线，不足 5m 拉通线和尺量检查
6	接缝高低差	0.5	用钢板短尺和楔形塞尺检查
7	接缝宽度差	0	拉 5m 小线和尺量检查

6. 成品保护

（1）复合石材的柱面、门窗套等安装完成后，应对所有面层的阳角及时用木板保护。同时要及时轻擦干净残留在门窗框、扇的砂浆。特别是铝合金门窗框扇，事先应粘贴好保护膜，预防污染和锈蚀。

（2）复合石材板在填充砂浆凝结前应防止快干、暴晒、水冲、撞击和振动。

（3）拆改架子和上料时，严禁碰撞复合石材饰面板。

（4）在涂刷的复合石材保护剂未干燥前，严禁清扫渣土和翻动架子脚手板等。

（5）已完工的复合石材饰面板面应做好成品保护。

7. 需要注意的问题

（1）接缝不平，高低差过大：主要是基层处理不好，对板材质量没有严格挑选，安装前试拼不认真，施工操作不当，分层灌浆一次过高等，容易造成石板外移或板面错动，出现接缝不平、高低差过大。

（2）空鼓：主要是灌浆不饱满密实所致；如灌浆稠度小，使砂浆不能流动或因钢筋网阻挡造成该处不实而空鼓；如砂浆过稀也容易造成漏浆，或由于水分蒸发形成空隙而空鼓；缺乏养护、脱水过早也会产生空鼓。

（3）开裂：有的复合石材石质较差，色纹多，当镶贴部位不当，墙面上下空隙留的较小，常受到各种外力影响，在色纹暗缝或其他隐伤等处，产生不规则的裂缝；镶贴墙面、柱面时，上下空隙较小，结构受压变形，使饰面石板受到垂直方向的压力而开裂。施工时应待墙、柱面等随结构沉降稳定后进行，尤其在顶部和底部安排板块时，应留有一定的缝隙，以防结构压缩、饰面板直接承重被压开裂。

（4）墙面碰损、污染：主要是由于板块在搬运和操作中被砂浆等脏物污染，不及时清理，或安装后成品保护不好所致。应随手擦净，以免长时间污染板面，此外，还应防止酸碱类化学物品、有色液体等直接接触复合石材表面造成污染。

（5）灌注砂浆硬化初期不得受冻。冬季施工室内环境温度不应低于5℃，气温低于5℃时，灌注砂浆可掺入外加剂，外加剂应符合国家现行产品标准。

高处作业应符合现行行业标准《建筑施工高处作业安全技术规范》JGJ 80 的相关规定；脚手架搭设应符合有关规范要求。现场用电应符合现行行业标准《施工现场临时用电安全技术规范（附条文说明）》JGJ 46 的相关规定。

4.9.4 复合石材地面铺贴

1. 施工准备

（1）技术准备

1）复合石材面层下的各层做法应已按设计要求施工并验收合格；

2）样板间或样板块已经得到认可。

（2）材料要求

1）水泥：宜采用硅酸盐水泥或普通硅酸盐水泥，其强度等级应在 32.5 级以上；不同品种、不同强度等级的水泥严禁混用。

2）砂：应选用中砂或粗砂，含泥量不得大于 3%。

3）复合石材：规格品种均符合设计要求，外观颜色一致、表面平整，形状尺寸、图案花纹正确，厚度一致并符合设计要求，边角齐整，无翘曲、裂纹等缺陷。

（3）主要机具设备

1）根据施工条件，应合理选用适当的机具设备和辅助用具，以能达到设计要求为基本原则，兼顾进度、经济要求。

2）常用机具设备有：云石机、手推车、计量器、筛子、木耙、铁锹、木桶、小桶、钢尺、水平尺、小线、胶皮锤、木抹子、铁抹子等。

（4）作业条件

1）材料检验已经完毕并符合要求。

2）应已对所覆盖的隐蔽工程进行验收且合格，并进行隐检会签。

3）施工前，应做好水平标志，以控制铺设的高度和厚度，可采用竖尺、拉线、弹线等方法。

4）对所有作业人员已进行了技术交底，特殊工种必须持证上岗。

5）作业时的环境如天气、温度、湿度等状况应满足施工要求。

6）竖向穿过地面的立管已安装完，并装有套管。如有防水层，基层和构造层应已做防水处理。

7）门框安装到位，并通过验收。

8）基层洁净，缺陷已处理完，并作隐蔽验收。

2. 工艺流程

试拼编号→找标高→基底处理→排复合石材→铺设结合层砂浆→铺复合石材→养护→勾缝→成品保护。

3. 操作要点

（1）试拼编号：在正式铺设前，对每一房间的复合石材板块，应按图案、颜色、纹理试拼，将非整块板对称排放在房间靠墙部位，试拼后按两个方向编号排列，然后按编号码放整齐。

（2）找标高：根据水平标准线和设计厚度，在四周墙、柱上弹出面层的上平标高控制线。

（3）基层处理：把沾在基层上的浮浆、落地灰等用錾子或钢丝刷清理掉，再用扫帚将浮土清扫干净。

（4）排复合石材：将房间依照复合石材的尺寸，排出复合石材的放置位置，并在地面弹出十字控制线和分格线。

（5）铺设结合层砂浆：铺设前应将基底湿润，并在基底上刷一道素水泥浆或界面结合剂，随刷随铺设搅拌均匀的干硬性水泥砂浆。

（6）铺复合石材：将复合石材放置在干拌料上，用橡皮锤找平，之后将复合石材拿起，在干拌料上浇适量素水泥浆，同时在复合石材背面涂厚度约 1mm 的素水泥膏，再将复合石材放置在找过平的干板料上，用橡皮锤按标高控制线和方正控制线坐平坐正。

铺复合石材时应先在房间中间按照十字线铺设十字控制板块，之后按照十字控制板块向四周铺设，并随时用 2m 靠尺和水平尺检查平整度。大面积铺贴时应分段、分部位铺贴。

如设计有图案要求时，应按照设计图案弹出准确分格线，并做好标记，防止差错。

（7）养护：当复合石材面层铺贴完养护，养护时间不得小于 7d。

（8）勾缝：当复合石材面层的强度达到可上人的时候（结合层抗压强度达到 1.2MPa），进行勾缝，用同种、同强度等级、同色的掺色水泥膏或专用勾缝膏。颜料应使用矿物质颜料，严禁使用酸性颜料。缝要求清晰、顺直、平整、光滑、深浅一致，缝色与复合石材颜料一致。

冬期施工时，环境温度不应低于 5℃。

（9）成品保护：略。

4. 质量标准

按目前国家及行业的规范标准验收要求执行。

5. 注意事项

同一区域复合石材铺贴施工应连续进行，尽快完成。夏季应防止暴晒，冬季应有保暖防冻措施；在雨、雪、低温、强风条件下，在室外或露天不宜进行复合石材面层作业。

第 10 节　混凝土加气块墙体粘贴玻化砖新工艺

4. 10. 1　玻化砖粘贴常见通病

玻化砖粘贴常见通病及问题分析见表 4-6。

玻化砖粘贴常见通病及问题分析见表   表 4-6

通病名称	原因分析	解决方法
墙面玻化砖铺贴后出现空鼓脱落现象	粘结层与墙体基层之间的处理方式不牢固，会造成面层玻化砖空鼓脱落	墙体基层要牢固，具有粘结力，玻化砖背面要冲洗干净，用粘结剂与水按比例调和，锯齿镘刀批刮，粘结剂厚度在 5～7mm 左右
	玻化砖密拼，没有留一定的缝隙，以及铺贴后养护不到位	砖缝控制在 1mm 左右，避免密拼。每隔 5h 进行淋水养护
	瓷砖的吸水率如下：陶质砖>10%≥炻质砖>6%≥细炻质>3%≥炻瓷质>0.5%≥全瓷砖（玻化砖）。玻化砖吸水率低，普通水泥砂浆粘结力不够，造成空鼓脱落	使用相应的玻化砖粘结剂（重砖黏结剂），并配合基层使用界面处理剂
	玻化砖背后有灰尘或砖产品背面的凹凸摩擦力不够，铺贴时粘结层不饱满或压不密实，砖的粘结力不够	施工前检查墙体粉刷层是否处理到位，须对基层进行浇水湿润。风化或松散严重的，应铲除原基层，重新粉刷

4. 10. 2　工艺流程

清除混凝土加气块墙体墙面浮灰→修正补平勾缝→洒水湿润基层→做灰饼→梁、柱交接处挂钢丝网→基层专用界面剂处理→贴玻纤网格布（钢丝网）→抹底层灰 1：1，水泥细砂浆内掺水重 20% 的建筑胶→抹中层灰→抹面层灰 1：2. 5 或 M15，并掺 20% 水重的建筑胶→养护→找标高、弹线→用齿状镘刀在墙面抹灰层上刮抹专用粘结剂→红外线弹铺砖控制线→玻化砖刷背胶晾干处理→铺砖→勾缝、擦缝→养护→成品保护。

4. 10. 3　注意事项

1. 在混凝土加气块墙体进行粉刷时必须采用挂网粉刷，网眼孔距不大于 20mm×20mm，与加气块墙体连接牢靠，采用专用铆钉固定，否则会出现粉刷层脱离现象，同时注意在粉刷时需在砂浆中加胶水，增加砂浆的粘结力，粉刷完成后表面要做拉毛处理（图 4-13）。

2. 将玻化砖依次排开，背面均匀地涂抹玻化砖界面剂（背胶），自然风干，保证玻化砖背面粘结力，备用（图 4-14）。

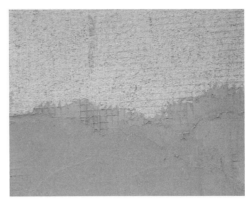

图 4-13　混凝土加气块墙体及粉刷

3. 墙面使用专用粘结剂找平，做齿状粉刷（图 4-15）。

4. 用玻化砖专用粘结剂满铺玻化砖背面，将涂有粘结剂的玻化砖按照由下至上的顺序进行施工，粘贴到第三排砖的时候就不要向上继续粘贴，需要更换施工作业面，然后按照由下至上的顺序继续施工，同时也要控制好一次粘贴高度。砖与砖之间要加定位卡，确保砖缝大小一致，缝隙顺直，美观（图 4-16）。

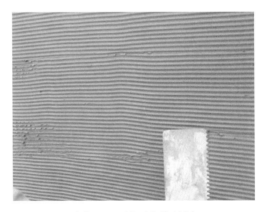

图 4-14　玻化砖刷背胶（界面剂）　　　　　　　　图 4-15　墙面齿状粉刷

图 4-16　玻化砖铺贴

第 11 节　软膜天花施工工艺

4.11.1　材料及施工准备

1. 基层材料要求

1）软膜：经特殊设计以满足室内软膜系统的设计性能，采用特殊的 A 级防火材料制成。

2）边扣条：半硬质，挤压成形，被焊接在软膜的四周边缘，以张紧软膜扣在墙码条上。

3）硬质墙、边码条：采用合金铝材料挤压成形，有各种各样的形状，可被切割成合适的角度后再装配在一起，并被固定在室内灯箱、天花的四周上，以用来扣住软膜。

2. 室内软膜系统的优点

（1）防火功能：室内软膜系统符合多个国家的防火标准。其中的 A 级膜能达到国内的 A 级防火等级标准。

（2）节能功能：室内软膜系统本质是用膜材料做成，能大大提高绝缘性能，更能大大减少室内热量流失。

（3）无限的创造性：因为软膜是一种软性材料，是根据龙骨的形状来确定它的形状，所以造型比较随意、多样，可让设计师更具创造性。

（4）方便安装：可直接安装在墙壁、木方、钢结构、石膏间墙和木间墙上。适合各种建筑结构。并且龙骨只需用螺钉按一定距离均匀固定即可，安装十分方便。在整个安装过程中，不会有溶剂挥发、不落尘、不对本空间内的其他摆设产生影响。

4.11.2　工艺流程

基层制作→现场测量→厂家订货加工→固定龙骨安装→软膜边扣加工预留→软膜安装。

4.11.3　质量控制措施

软膜材料像服装一样需裁剪，目前对标准形体的膜结构的裁剪式样，已可以用程序控制标绘器来完成，用计算机操纵自动样片切割机进行裁剪，节省了制图步骤。除保证裁剪质量外，还要从以下几个方面对质量进行控制：

1. 造形底架的相关检查验收

（1）底架形状要符合后附图纸的造型设计。

（2）平面水平要直，高低水平要在同一高度。

（3）铝合金龙骨框架的固定要牢固，要大于软膜收缩力，否则外框会弯，影响边框的直线度。

2. 龙骨安装的相关检查验收

（1）龙骨与龙骨之间要连接紧密，最大缝隙不能超过 1mm。弧形龙骨的接头处要流畅、牢固。

（2）龙骨接驳处的固定螺栓要在龙骨顶端 10～30mm 内。

（3）龙骨与要安装的接触面要紧密结合，最大缝隙不超过 1.5mm。

（4）角度安装、角度切割不能大于理论角度，可等于或小于理论角度，但最多不能小于理论角度 2°。

3. A 级膜的相关检查验收

（1）A 级膜品种及型号要与设计及业主确认的样品相符。

（2）订货软膜要符合造型底架尺寸。

（3）A 级膜表面要清洁、无污物，上面无杂物。

（4）扣边安装要整齐、美观，不能有漏装、漏刀、反边现象。

（5）A 级膜表面无破损、皱褶，无明显划伤。

（6）边缘处直线段的直线度允许偏差为 3mm，弧形处要流畅。

（7）表面的平整度允许偏差为 5mm，中心下垂不超过 20mm。

（8）A 级膜天花整体效果要达到样板的要求。

4.11.4　成品保护

室内软膜系统的施工由于其工艺的特殊性，软膜安装这一重点工序可在现场成品基本完成后进行，故成品保护的重点也在这一工序期间，重点要做好以下几点：

1. 必须戴好洁净手套，且施工前必须经现场负责人确认。

2. 软膜材料要分类、分规格妥善保管，严禁踩踏并防止施工杂物污染。

3. 施工前必须采取保护措施（如铺垫、遮挡等），保护其他已完成的工程项目。

4. 所有工具禁止直接放置于成品之上。

5. 施工过程中，严禁直接踩踏完成的装饰表面（如窗台板、家具、屏风等）进行操作。严禁非操作人员随意触摸软膜材料。

6. 施工完毕应出示标志牌，防止触摸。

第 12 节　环氧磨石艺术地坪施工

环氧磨石地坪适用于机场、商场、医院、展厅、走廊、高级娱乐场所、博览会馆、商务会所和其他一些需要美观耐磨地面的场所，完工实景如图 4-17 所示，基本结构如图 4-18 所示。

4.12.1　施工环境的要求

1. 施工环境温度不得低于 5℃，相对湿度不宜大于 80％。

2. 施工作业面应符合下列要求：

1）施工作业面应封闭或采取其他隔离措施；

2）不得进行交叉作业。

3. 环氧磨石艺术地坪施工单位应遵守有关环境保护的法律、法规，并应采取有效措施控制施工现场的各种粉尘、废气、废弃物、噪声、强光等对施工现场及周围环境造成的污染和危害。

4.12.2　地坪基层验收和再处理

1. 地坪基层验收应符合下列规定：

（1）楼地面结构混凝土应按现行国家标准进行验收，验收合格后方可进行找平层施工；

（2）环氧磨石艺术地坪施工前，应按现行国家标准《建筑地面工程施工质量验收规范》GB 50209 进行找平层检查，验收合格后方可施工；

（3）地坪基层伸缩缝的接缝高低差不得大于 1mm；

（4）检查基层面能否满足地坪标高的设计要求；

图 4-17　环氧磨石完工实景图

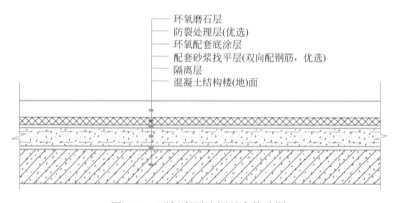

图 4-18　环氧磨石地坪基本构造图

（5）当基层混凝土强度需补强，应在处理后对其表面强度进行测试，满足要求后方可进行后续施工。

2. 地坪基层防止开裂再处理技术措施应符合下列规定：

（1）环氧磨石地坪施工前，应制定施工方案，并报请业主或相关单位审批；

（2）施工方案应包含防止地坪基层开裂的施工技术措施；

（3）施工方应按审批后的施工方案施工；

（4）业主或相关单位应按审批后的施工方案验收。

3. 增加地坪基层与上层连接强度的技术措施应符合下列规定：

（1）环氧磨石地坪施工前，应制定施工方案，并报请业主或相关单位审批；

（2）施工方案应包含增强地坪基层与上层连接强度的施工技术措施；

（3）施工方应按审批后的施工方案施工；

（4）业主或相关单位应按审批后的施工方案验收。

4.12.3　配套砂浆找平层施工

1. 控制配套砂浆找平层防止开裂技术措施应符合下列规定：

（1）环氧磨石地坪施工前，应制定施工方案，并报请业主或相关单位审批；

（2）施工方案应包含砂浆找平层防止开裂的施工技术措施；

（3）施工方应按审批后的施工方案施工；

（4）业主或相关单位应按审批后的施工方案验收。

2. 控制配套砂浆找平层平整度技术措施应符合下列规定：

（1）环氧磨石地坪施工前，应制定施工组织设计或施工方案，并报请业主审批；

（2）施工组织设计或施工方案应包含控制配套砂浆找平层平整度的施工技术措施；

（3）施工方应按审批后的施工组织设计或施工方案施工；

（4）监理方应按审批后的施工组织设计或施工方案验收。

3. 配套砂浆找平层材料调制和批刮应符合下列规定：

（1）找平层采用碎石或卵石的径级不应大于其厚度的 2/3，含泥量不应大于 2%；

（2）砂为中粗砂，其含泥量不应大于 3%；

（3）拌合用水应符合现行行业标准《混凝土用水标准（附条文说明）》JGJ 63 规定；

（4）找平层与基层间结合应牢固，不得有空鼓。

4.12.4　现场放线

1. 现场放线的仪器及工具应符合下列规定：

（1）一般项目，可采用水平仪、经纬仪、钢卷尺、墨斗等进行放线；

（2）图案复杂或精确度要求高的项目，应采用全站仪代替经纬仪，并配备专业绘图软件的计算机进行放线；

（3）放线用仪器应校验合格。

2. 现场放线基本内容应符合下列规定：

（1）根据复测数据放出实际标高线及环氧磨石地坪的外框控制线；

（2）大面积地坪施工时，增设必要的中间控制标高点；

（3）确定特殊图案特征位置的控制线；

（4）确定复杂图案交界面的控制线；

（5）确定伸缩缝控制线。

4.12.5　配套底涂施工

1. 环氧磨石配套底涂层基层施工条件应符合下列规定：

（1）底涂施工前，找平层应验收合格；

（2）找平层含水率应控制在 8% 以下；

（3）施工环境温度宜为 15～30℃，相对湿度不宜大于 80％；

（4）施工过程不得有灰尘。

2. 环氧磨石配套底涂层应按下列顺序进行施工：

（1）找平层裂缝处理；

（2）找平层平整度处理；

（3）找平层浮灰、油污处理；

（4）找平层伸缩缝处理；

（5）找平层配套底涂层涂刷。

3. 环氧磨石配套底涂层的施工质量控制应符合下列规定：

（1）底涂层施工前的基层条件控制和处理应符合要求；

（2）底涂材料的种类、品牌、型号、技术指标、配合比应符合设计或有关标准要求；

（3）严格按照底涂材料的施工工艺和注意事项涂布；

（4）确保底涂均匀、无起鼓、无漏涂；

（5）及时做好底涂表面保护。

4.12.6　现场艺术图案精确定位

1. 艺术图案精确定位基本仪器与工具宜包含：

专业的计算机系统及应用软件、卷尺、墨斗、直角尺、油性彩笔、全站仪、三维激光扫描仪及其他最新定位工具。

2. 复杂艺术图案精确定位可采用下列方法：

（1）简单工具坐标描点放线法；

（2）经纬仪坐标测点放线法；

（3）全站仪坐标测点放线法等。

3. 艺术图案定位精度检验可采用下列方法：

（1）简单工具坐标检测法；

（2）全站仪坐标检测法。

4.12.7　艺术图案施工

1. 艺术图案施工可采用下列方式：

（1）现场支模浇筑法；

（2）预制现场安装法。

2. 艺术图案分块浇捣，交界面固定可采用下列方式：

（1）金属或塑料分格条锚固的方式；

（2）金属或塑料分格条粘结的方式；

（3）金属或塑料分格条锚固与粘结相结合的方式。

4.12.8　艺术图案周边施工

1. 艺术图案与周边环氧磨石自然衔接可采用下列方式：

（1）分隔条过渡连接；

（2）直接连接。

2. 艺术图案周边环氧磨石施工顺序应至少包括：

找平层处理；变形缝处理；涂刷底涂；铺设玻纤网格布（可选）；涂刷底漆；涂刷环

氧柔性膜（可选）；放样；固定分割条；拌浆铺料；压实压平；检查修补；粗磨；补浆；中磨；细磨；精磨；涂刷密封剂；清洗、养护。

4.12.9 整体打磨

1. 环氧磨石打磨基本工序应至少包括：

（1）粗磨；

（2）中磨；

（3）补浆（有需要时）；

（4）中磨；

（5）细磨；

（6）精磨；

（7）涂刷密封剂。

2. 环氧磨石整体打磨平整度控制应符合下列规定：

（1）打磨前，应对环氧磨石平整度进行预检，并按预检结果进行打磨，如有条件，可采用三维激光扫描仪等仪器进行精确预检；

（2）打磨过程中宜增加平整度检测，并按检测结果进行针对性打磨；

（3）墙地交界处等边角区域应采用手提式打磨机进行精磨。

4.12.10 环氧树脂表层施工

1. 环氧树脂表层施工应符合下列规定：

（1）施工环境温度宜为 $15\sim30$℃，湿度不宜高于 80%；

（2）施工现场应具有良好的通风条件；

（3）基层含水率不得大于 8%；

（4）表面平整度应控制在 3mm 以内（2m 靠尺）；

（5）基层表面应清洁、无油污；

（6）施工现场应封闭，不得进行交叉作业。

2. 环氧树脂密封剂施工质量应符合下列规定：

（1）应精确控制双组分及填充料的比例，严格按照产品技术要求进行配比；

（2）表层涂料应低速搅拌，防止混入空气，影响涂层质量；

（3）使用时间应按产品技术要求规定执行，搅拌完的材料应在规定时间内用完；

（4）涂布厚度应符合设计要求；

（5）固化时间应按产品技术要求规定执行，不得提前投入使用或踩踏。

4.12.11 养护和保护

1. 环氧磨石艺术地坪养护应符合下列规定：

（1）养护环境温度宜为 $15\sim30$℃；

（2）养护天数不应少于 7d；

（3）养护期间应采取防水、防晒、防污染等措施；

（4）环境湿度应控制 80%以下；

（5）养护期间不得踩踏、重载。

2. 环氧磨石艺术地坪移交前应采取柔性材料垫底，上面覆盖硬性保护板，或封闭现场等保护措施。

4.12.12 质量标准及验收

参见《环氧磨石地坪装饰装修技术规程》T/CBDA 1—2016。

第13节 室内粉刷机喷型石膏砂浆施工工艺

粉刷石膏砂浆是以半水石膏为胶凝材料的预拌砂浆，是一种新型的墙体室内专用的绿色环保型抹灰材料，它能解决建筑工程中许多材料面抹灰难，易出现空鼓、开裂等质量通病，尤其对混凝土、加气混凝土砌块、聚苯板等各种基材效果更加明显。尤其是现今执行分户验收的标准，粉刷石膏既能保证施工质量，又可保证达到分户验收的标准，同时粉刷石膏能消除工程竣工后的各种质量隐患，避免大量的重复作业及返工现象，也解决了采用砂浆抹灰带来的诸多问题，可为用户创造良好的生活空间。

随着国际建筑市场的高速发展，特别是欧美国家近年来有 80% 以上已改用新型石膏墙体抹灰建筑材料来进行内墙的抹灰饰面。本材料特别适用于混凝土剪力墙板、混凝土加气砌块、轻质砂加气砌块、混凝土砌块、黏土砖等墙面。机喷石膏砂浆材料作为新型建材产品，越来越多为各大房产开发商所采用。

4.13.1 性能特点

1. 粘结性能好，对墙体基层作清理后，该材料可直接使用于各种墙体抹灰。

2. 不需要对混凝土板、柱、梁、轻质砌体进行界面剂处理。

3. 原材料为天然成分，粉刷成型后无不良的收缩性能，具有微膨胀功能，能防止墙面的细裂缝出现，使用后无空鼓、开裂。

4. 喷涂成型后的墙面在施工过程中，具有一定的材料塑气泡空隙，具备其他材料不具备的活性功能，有吸气、吸声效果。特别在连续下雨天对房间潮湿气体能有较好的吸收效果。

5. 具有一定的保湿和防火性能。

6. 本材料为天然成分，对室内环境空气进行检测，显示数据值均大大小于粉刷的水泥砂浆检测标准值，为无污染产品。

7. 节能效果好，避免常规工地上使用的黄砂材料所造成的扬尘，并在施工现场的原材料堆放中占较小场地面积。

8. 该材料采用机械喷涂施工工艺，每台班/每天工作量在 $400m^2$ 以上，能有效压缩工期，提高质量，避免了常规砂浆粉刷施工时对劳动力的大量需求。

9. 对机喷型石膏砂浆墙面，如后期需要进行因重新埋管、设备改装等产生的修补，不会产生墙面起壳和空鼓现象。

10. 本材料适用于现浇混凝土、加气混凝土、聚苯板和各种保温浆料及粉煤灰砖制品。

4.13.2 水泥砂浆和石膏墙面的对比

水泥砂浆和石膏墙面的对比见表4-7。

4.13.3 适用范围及技术指标

1. 适用范围：粉刷石膏适用于建筑物室内墙面和顶棚上进行底层、面层及保温层抹灰。

2. 材料的技术指标见表4-8。

水泥砂浆和石膏墙面对比表　　　　　　　表 4-7

对比项目	对应单位	水泥砂浆墙面	石膏砂浆墙面
完成效果	—	普通抹灰误差大	高级抹灰,误差小
开裂、空鼓	—	普遍存在	无
厚度要求	mm	≥15	≥5
施工温度	℃	5～35	0～40
拉伸粘结强度	MPa	≥0.20	≥0.4
7d 线性收缩率	%	0.066	0.031
14d 性收缩率	%	0.230	0.033
导热系数	W/(m·K)	0.93	0.41
20mm 抹灰	—	分两遍抹灰、隔天施工	一遍成品
施工速度	—	慢	快
作业方式	—	湿作业	干作业
维修成本	—	无法估量	0

材料的技术指标　　　　　　　　表 4-8

检查项目	单位	性能指标	检验结果	单项判定
初凝时间	h	≥1.0	2.0	合格
终凝时间	h	≤6.0	3.0	合格
抗折强度	MPa	≥2.0	2.5	合格
抗压强度	MPa	≥4.0	5.8	合格
拉伸粘结强度	MPa	≥0.4	0.5	合格
保水率	%	≥75	88	合格

4.13.4　施工准备

1. 施工材料

（1）粉刷石膏（成品袋装材料）：用于抹灰粉刷层；

（2）干净水：用于拌制石膏砂浆；

（3）网格布：用于各结构缝及线管线槽等部位。

2. 施工工具

（1）红外仪、测距仪、角尺、塞尺、2m 靠尺、吊线锤、空鼓锤；

（2）刮刀、钢板抹子、阴阳角抹子、托灰板、抹灰桶；

（3）烤漆铝合金长尺（用于冲筋）、铝合金直尺（用于做护角）、铝合金刮尺（0.4～2.0m 常用于刮墙）；

（4）铁锹、扫帚、水桶、水管；

（5）跳板、木凳、短梯等。

3. 施工设备

石膏砂浆喷涂机械能更有效地降低材料损耗（无浪费）以及提高工作效率（是传统抹灰的 4～5 倍）。

4. 施工作业条件

（1）主体或楼屋面施工完毕并已验收通过。

（2）石膏砂浆施工质量直接影响房屋安全可靠性，在石膏砂浆施工中，要严格控制施工质量，认真执行国家、地方的施工规范和质量标准。

4.13.5 工艺流程

放线、做灰饼→贴网格布→冲筋→复筋、补筋→护角→喷墙→修补→清理。

4.13.6 施工要点

1. 放线、做灰饼

（1）严格按照施工图纸尺寸要求进行放线、打点；

（2）采用两台红外仪放置对角位置拉横、竖线控制房间方正（方正需控制在 5mm 内）；

（3）每墙面打点时必须拉横线，确保一面墙上所有的点都在一个平面上（垂直、平整控制在 1mm）；

（4）每条筋间距不得大于 1300mm，阴角左边 100mm、右边 200mm 位置必须放置灰筋；

（5）每条灰筋必须垂直，两点离地面 400mm 和 1700mm；

（6）每间房放线完成后开间、进深偏差必须控制在±5mm 内；衣柜、壁橱部位开间、进深偏差控制在＋5mm 内（只能大不能小）；

（7）墙厚偏差按照施工图纸要求控制在±2mm 以内；

（8）放线过程中，对施工界面尺寸存在问题的部位应及时通知相关人员进行处理。

2. 贴网格布

（1）严格按照施工图纸及现场技术交底的要求进行施工；

（2）网格布粘贴前须先检查界面，对施工界面尺寸存在问题的部位应及时通知相关管理人员进行处理；

（3）网格布粘贴须严格按照"先满批石膏砂浆刮平→张铺网格布至平顺→满批石膏砂浆刮平工序进行"；

（4）粘贴网格布必须齐缝对中（网格布宽≥300mm）；

（5）各结构缝及线管线槽等部位缝隙回填应密实，严禁出现空鼓。

3. 冲筋

（1）严格按照放线、打点的尺寸、位置要求进行施工，不得偷减灰筋数量；

（2）冲筋前应先检查各结构缝及线管线槽等部位是否粘贴网格布和施工质量，对遗漏和达不到质量要求的部位，及时通知上道工序施工人员进行处理；

（3）冲筋用料必须调制均匀，灰筋饱满，表面光洁平整，垂直平整必须控制在 2mm；

（4）灰筋接头部位必须留置斜口以方便接筋；

（5）冲筋、接筋完成后应进行检查，发现问题及时进行修补，确保灰筋质量。

4. 复筋、补筋

（1）将未冲到顶的灰筋进行复筋，每条灰筋须顶天立地；

（2）冲筋、接筋完成后由实测实量人员进行垂直、平整、光洁检查，发现问题及时进行修补，确保灰筋质量。

5. 护角

（1）严格按照施工图纸及现场技术交底的要求进行施工；

（2）施工前应对门、窗边护角部位进行检查，对出现的界面尺寸等问题及时通知相关工序人员或现场管理人员进行处理；

（3）施工过程中应采用线锤吊直，确保边角平整、垂直度偏差控制在±2mm以内；

（4）严格控制门洞、窗口尺寸偏差在±2mm以内。

6. 喷墙

（1）墙面喷刮前应先检查灰筋是否按照要求冲、接完整；

（2）喷刮前应先对墙面进行洒水湿润；

（3）对剪力墙墙面可先进行人工满批一遍，厚度在3～5mm，待初凝后再进行机器喷涂（或者在喷涂完成人工及时跟进压泡），从而消除剪力墙墙面的气泡；

（4）墙面须喷刮至灰筋面并至墙面平整、光洁；

（5）阴角部位须喷刮到位，直至垂直、平整；

（6）每间房喷刮完成后，门、窗边及地面散落余料应及时清理干净，确保整洁；

（7）喷刮过程中，对出现的空鼓、气泡以及裂纹等质量问题应及时修补处理，做到每间房喷刮完成后跟进修补，达到实测实量标准；

（8）施工现场做到工完场清。

7. 修补

（1）应安排专职实测实量人员对石膏砂浆喷刮完成后的作业面进行实测实量，并及时安排人员进行修补，用专用工具将表面毛糙、凸出部位和误差点进行挫平，从而达到实测实量质量标准要求；

（2）房间方正、开间、进深和墙面垂直、平整以及阴阳角修补至实测实量标准；

（3）实测实量标准：方正偏差≤10mm，开间、进深偏差±10mm，垂直、平整偏差±4mm，阴阳角偏差±2mm，衣柜、壁橱开间偏差＋5mm（只能大不能小）。

8. 清理

修补完成后对施工作业面进行清理，将遗留的材料、施工用具及其机配件等清理出作业面并清扫干净。

4.13.7　夏季施工易发问题及预控方案

1. 粉刷石膏易受潮结块（雨天运输）。

2. 夏季高温时段，石膏砂浆初凝时间约为20min，抹刮后材料应即刻收集回用，否则容易发生硬化；硬化的材料再次上墙，容易引起空鼓剥落等风险。

3. 由于高温，料浆的水分容易被墙体基层吸收且水分挥发快，致使粉刷石膏缺少水化所必需的水分，因而出现裂纹、空鼓。

4.13.8　质量控制措施

1. 保证项目：所用材料的品种、质量必须符合设计要求，各抹灰层之间及抹灰层与基体之间必须粘结牢固、无脱层、空鼓，面层无裂缝等缺陷。

2. 基本项目：表面光滑、洁净，颜色均匀，无明显抹纹，墙面垂直平整，房间方正。

3. 空洞、槽、盒尺寸正确，方正、整齐、光滑，管道后面抹灰平整。

4. 专职实测实量人员根据实测实量的检验、控制标准，对每道施工工序进行跟踪检查、实测，对出现的质量问题及时处理以达到质量标准。

5. 允许偏差和检验方法见表4-9。

偏差对比表 表 4-9

项次	检查项目		允许偏差（mm）	检 验 方 法
1	墙面	平 整 度	0.4	用 2m 垂直检测尺、楔形塞尺检查
2		垂 直 度	0.4	用 2m 垂直检测尺、楔形塞尺检查
3	房间	开间、进深	±10	红外仪、测距仪检查
4		方 正	±10	红外仪、5m 卷尺检查
5	阴 阳 角		±4	阴阳角尺、楔形塞尺检查
6	柜 体		0.10	测距仪检查
7	墙 厚		±3	卡尺
8	外墙窗内测墙厚		0.4	5m 卷尺检查

6. 注意事项

（1）粉刷石膏砂浆应防止受潮、雨淋等。

（2）喷涂前应对机喷石膏进行相关检查，根据出厂质量证明书、性能检验报告说明书等，进行机械操作，掌握机喷石膏的强度情况。

第 14 节　装配式阻燃木饰面板干挂施工工艺

4.14.1　传统木饰面板施工工艺

1. 工艺流程

弹线→防潮层安装→木龙骨安装→横向挂件安装→饰面板安装。

2. 施工要点

（1）弹线

根据设计图纸上的尺寸要求，先在墙上画出水平标高，弹出分格线，根据分格线在墙上加角码的位置，应符合龙骨间距要求，横竖间距一般为 300mm，不大于 400mm。

（2）防潮层安装

木制墙面必须在施工前进行防潮、防火处理，防潮层的做法一般是在基层板或龙骨刷二道防水防潮剂。

（3）30mm×30mm 热镀锌钢龙骨安装

安装龙骨前应先检查基层墙面的平整度、垂直度是否符合质量要求；可通过镀锌角码调平龙骨的平整度。

（4）横向挂件安装

固件采用铝型材，表面如有凹陷或凸出须修正。

（5）饰面板安装

挑选木夹板，分出不同色泽、纹理，按要求下料、试拼，将色泽相同或木纹相近的饰面板拼装在一起，木纹对接要自然协调，毛边不整齐的板材应将四边修正刨平，微薄板应先做基层板再粘贴。清水油漆饰面的饰面板应尽量避免顶头密拼连接，饰面板应在背面刷三遍防火漆，同时下料前必须用油漆封底，避免开裂，便于清洁，施工时避免表面摩擦、局部受力。

4.14.2　装配式木饰面板的性能、特点

装配式阻燃木饰面板是一种基层采用阻燃合成木，板面特殊处理过的木皮，在一定的温度及高压下成型的板材。

干挂装配式阻燃木饰面板材具有以下特点：

1. 良好的耐久性能。大幅或快速的温度变化不会影响板材的性能，表面光洁，易于清扫。

2. 良好的耐火性能。燃烧时能较长时间保持稳定性，耐火等级符合现行 GB/T 8624 中的 A 级标准。

3. 干挂装配式阻燃木饰面板维护简单。面层不需要切割，涂漆在工厂完成，用于硬木加工的标准机具可以完成钻孔等工序。

4. 自重轻。密度仅为 $500\sim800kg/m^3$。

5. 良好的环保性能。经权威部门检测，板的甲醛释放量小于 $1.5mg/L$，达到了 E1 级板的标准。

4.14.3　工厂生产的控制点

木饰面板由防火阻燃木作基层，双面贴木皮（根据需要也可以用其他面层材料）制成。因此，在板面积较大时，保证板面平整、不翘曲，使用时不霉变是本产品乃至工程成功的关键点之一；另外，在公共场所使用时，由于长期使用空调，环境的温度和湿度对板的影响也较大。为了保证防火饰面板的质量和使用过程中不变质、不变形，达到理想的装饰效果，用于工程的防火饰面板在生产过程中，需要从下述几个方面进行重点处理：

1. 防火阻燃木出热压机时含水率一般都偏低，表层仅 2%～3%，芯层仅 6%～7%，低含水率的防火阻燃木在相对湿度较大的环境中加工或存放，必然会吸湿，如板内存在含水率不均等问题，板件便容易产生翘曲变形。有的防火阻燃木在使用过程中还有一定温度，尚未完全冷却，这些板在加工过程中极易吸湿变形，但放久了又会渐趋平整。为防止变形，防火阻燃木在使用前应进行调质处理，使其含水率均匀化，并提高到 8% 左右。

2. 根据深化设计图纸的要求，选用符合要求的防火饰面板（木饰面），按常规生产过程只进行可看面的贴皮和油漆，背面一般只进行简单封底处理，或贴薄叶纸，涂饰的道数也相应减少，但是采用此种方法处理，经过一段时间后，背面能观察到明显的纤维吸湿膨胀的痕迹，局部还会出现严重变形。因此，板面在贴木饰面层和涂饰加工过程中，要注意正反两面材料受力的对称性，使其结构对称、平衡。工程所使用的木饰面板的正反两面均贴材质相同的木质皮，并涂饰相同品牌的油漆。

3. 对防火阻燃木芯板的密度控制。防火阻燃木的密度偏低易造成加工面不光滑，且易吸湿变形，同时要求密度在厚度方向的分布应均匀，表芯层密度差异过大的防火阻燃木不适宜做木饰面板的芯板，平均密度在 $800kg/m^3$ 左右的比较合适。

4. 贮存条件要好。防火阻燃木芯板或木饰面板成品，应平整堆放，不能竖放，而且应存放在干燥通风的环境中，如存放在潮湿的环境中则易吸湿变形，甚至发霉。

5. 使用环境对木饰面板的影响。由于使用木饰面板的公共场所、酒店客房的温度和湿度对板的变形和防潮性能影响较大，且由于板的含水率和周围环境的湿度有一定的差异，如果仅为了防止板的翘曲变形对板的六个面均贴木皮进行封闭处理，则在周围环境的作用下，板内的水气不易挥发出来，容易造成板的边缘部位发生霉变。因此，可在木饰面板的背面一定的部位设置排气孔来解决这个问题，使板内层和大气相通，达到平衡的作用。另外，大面积木饰面板安装完后，在一定的部位（顶、底和变形缝处）预留通气孔道，可使板背面的水气能顺利排出。

4.14.4　工艺流程

在安装的过程中，根据木饰面板的构造和排版图，采用科学严密的施工组织，确保木饰面板加工合理、固定可靠、装饰效果美观。工艺流程如下：

墙面处理→现场实测、放线→与排版图对应→核对尺寸及检查误差→调节板材的尺寸→寻找开线点弹线→根据排版图已经调整的尺寸放全部纵向线→弹至少三根横向水平通线→弹每块板的具体位置线→弹出每个钢架或型材龙骨固定码位置点→打眼安装固定主龙骨（如 5号槽钢）→固定通长次龙骨（如 40mm×20mm 方钢管）→安装板材上可调及普通的挂片→安装板材→撕去保护膜。

木饰面板在公司工厂定型加工，现场安装，只有钢结构部分和部分板材需要现场进行修整处理，故现场安装非常方便。操作台要求平整，现场制作即可。

4.14.5　施工准备

1. 材料准备

（1）按设计要求的木饰面板（主要木饰面板的尺寸为 600mm×1200mm）已经到位；

（2）按进场计划备足龙骨（竖向主龙骨一般采用 5 号槽钢，横向次龙骨采用 40mm×20mm 方钢管）、挂件（分可调挂件、普通挂件两种，由工厂开发定制）、切口螺栓、自攻螺栓。龙骨的规格大小和间距根据木饰面板的分格大小和重量，通过计算确定。

2. 作业条件

（1）主体结构已通过相关单位检验合格并已验收。

（2）专项施工方案已编制完成，经审核后已完成了交底工作。

（3）木饰面板工程所需的施工图及其他设计文件已具备。

（4）施工安全及技术交底工作已按要求完成。

（5）材料的合格证书、性能检测报告、进场验收记录和复检报告已符合要求。

（6）墙上的电器、消防设施已经完成，并已经做好隐蔽工程预检查验收。

（7）各相关专业工种之间已完成了交接检验，并形成了记录。

（8）可能对木饰面板施工环境造成严重污染的分项工程应安排在木饰面板施工前进行。

（9）有土建移交的控制线和基准线。

（10）脚手架等操作平台已搭设就位。

（11）木饰面板尺寸及数量与排版图所示一致，运输到工地后与下料单标注尺寸数量一致，每块板的背后应标注有具体的应用部位及编号。下料单标注的板材的尺寸为成品可视板面（不含缝隙）的实际尺寸，但在工厂加工时在木饰面板的边缘另加横向 4mm、纵向 8mm 的接缝卡槽尺寸。

4.14.6 施工要点

1. 墙面处理

对结构面层进行清理，同时进行吊直、找规矩，弹出垂直线及水平线。并根据内墙木饰面板装饰深化设计图纸和实际需要弹出安装材料的位置及分块线。墙面木饰面板的分格宽度水平方向为 600mm，垂直方向为 1200mm，局部按深化设计要求作调整。也可以按照设计要求用其他规格的板材。

2. 现场实测、放线

（1）按装饰设计图纸要求，现场复查由土建方移交的基准线。

（2）放标准线：木饰面板安装前要事先用经纬仪弹出大角两个面的竖向控制线，最好弹在离大角 200mm 的位置上，以便随时检查垂直挂线的准确性，保证顺利安装。在每一层将室内标高线移至施工面，并进行检查；在放线前，应首先对建筑物尺寸进行偏差测量，根据测量结果，确定基准线。

（3）以标准线为基准，按照深化图纸将分格线放在墙上，并做好标记。

（4）分格线放完后，应检查膨胀螺丝的位置是否与设计相符，否则应进行调整。

（5）竖向挂线宜用 $\phi 1.0 \sim \phi 1.2$ 的钢丝，下边沉铁随高度而定，一般 20m 以下高度沉铁重量为 $5 \sim 8$kg，上端挂在专用的挂线角钢架上，角钢架用膨胀螺栓固定在建筑物大角的顶端，一定要挂在牢固、准确、不易碰动的地方，并要注意保护和经常检查，在控制线的上、下作出标记。如果通线长超过 5mm，则用水平仪抄水平，并在墙面上弹出木饰面板待安装的龙骨固定点的具体位置。

（6）注意事项：宜将本层所需的膨胀螺栓全部安装就位。膨胀螺栓位置误差应按设计要求进行复查，当设计无明确要求时，标高偏差不应大于 10mm，位置偏差不应大于 20mm。

3. 固定纵向通长主龙骨（5 号槽钢）和横向次龙骨（40mm×20mm 方钢管）

（1）根据控制线确定骨架位置，严格控制骨架位置偏差；木饰面板主要靠骨架固定，因此必须保证骨架安装的牢固性。用膨胀螺栓固定连接钢板，将主龙骨焊接在连接钢板上，焊接次龙骨与主龙骨连成一体。注意在挂件安装前必须全面检查骨架位置是否准确、焊接是否牢固，并检查焊缝质量；安装时务必用水平尺使龙骨左右水平或上下垂直。

（2）龙骨的防锈

1）槽钢主龙骨、预埋件及各类镀锌角钢焊接破坏镀锌层后均满涂两遍防锈漆（含补刷部分）进行防锈处理并控制第一道和第二道涂刷的间隔时间不小于 12h。

2）型钢进场必须有防潮措施并在除去灰尘及污物后进行防锈操作。

3）不得漏刷防锈漆，特别是为焊接而预留的缓刷部位在焊后涂刷不得少于两遍。最好采用镀锌龙骨。

4. 安装挂件

在每块木饰面板上，最上面一排固定连接件的固定点距木饰面板上端为 40mm。最下面一排固定连接件的固定点距木饰面板下端为 80mm。中间的板材部分以 370mm 为等距均分安装横向固定连接件。现场纵、横向固定连接件与板块分格相对应，通过不锈钢挂件固定板材。板块上挂点一侧设限位螺钉，另一侧为自由端，既保证板块准确定位，又保证板块在温差及主体结构位移作用下自由伸缩，该结构板固定靠型材的挂接来实现，板块直接挂于横龙骨的特殊槽口上，靠龙骨本身定位。型材接合部位大多用铝合金装饰条连接，局部用硅胶连接，横竖连接采用浮动式伸缩结构。

5. 阻燃木饰面板安装

（1）安装要求

1）不锈钢金属挂件的安装位置必须经过严格的计算，确保板材安装的准确可靠。

2）固定完连接金属挂片后，在安装前撕下双面保护膜。

3）安装板材顺序为先安装底层板，然后安装顶层板。

（2）木饰面板不锈钢金属挂件安装

根据设计尺寸及图纸的要求，将板材放在平整木质的平台上面，按定位线和定位孔进行加工，在板材上打孔的直径尺寸要比固定螺钉的直径小 1mm，孔深要比螺钉深 1mm。不要钻透板材。安装不可调挂件及可调挂件：挂件在靠近板材最上沿的一排应该安装可调挂件，板材其他部位与之平等的挂件均为不可调挂件。挂件的安装应根据设计尺寸，将专用模具固定在台钻上，进行打孔。挂件的纵向间距取决于横撑龙骨的间距，挂件的间距根据板材大小来计算，间距一般要求为 400mm 一块，金属挂件的外沿距板材的边缘为40mm，在安装过程中，在每块木饰面板的横向两侧距边缘 40mm 的位置安装挂件，中间的部分以 370mm 的间距等分。

（3）底部木饰面板安装

将金属挂件安装在平面及阴阳角板的内侧，将板材举起，挂在横撑龙骨上面，调节木饰面板后上方的调节螺钉。先安装底层板，等底层面板全部就位后，用激光标线仪检查一下各板水平是否在一条线上，如有高低不平的要进行调整，调节板后的金属挂件，直到面板上口在一条水平线上为止；先调整好面板的水平与垂直度，再检查板缝，板缝宽横向为 8mm，竖向为 4mm。板缝均匀后，安装锁紧螺钉，防止板材横向滑动。木饰面板最下端距地面的距离为 8mm，竖龙骨预留到地，下端预留的部分用硅胶嵌缝。

（4）顶部木饰面板安装

顶部一层面板与下部板材安装要求一致，板材上端与吊顶间留 8mm 缝隙，用硅胶嵌缝。木饰面板安装最好在吊顶施工后进行。

（5）安装质量要求

1）金属龙骨、木饰面板必须有产品合格证，其品种、型号、规格应符合设计要求。

2）金属龙骨使用的紧固材料，应满足设计要求及构造功能。骨架与基体结构的连接应牢固，无松动现象。

3）木饰面板纵横向铺设应符合设计要求。

4）连接件与基层、板材连接要牢固固定。

5）安装调整板缝要首先松动上卡的可调螺栓，从下往上松动板材后，才可以进行板材的位置调整，不能生硬撬动。

6）转角板的最短边不得小于 300mm，否则在角上需要一个固定点。

7）安装允许偏差见表 4-10。

允许偏差　　　　　　　　　　　　　　　　表 4-10

序号	项类	项目	允许偏差(mm)	检查方法
1	龙骨	龙骨间距	2	尺量检查
2		龙骨平直	2	尺量检查
3		龙骨四周水平	±5	尺量、水准仪检查
4	面板	表面平整	2	用 2m 靠尺检查
5		接缝平整	2	拉 5m 线检查
6		接缝高低	2	用直尺塞尺检查
7	装饰条	装饰条平直	2	拉 5m 线检查
8		装饰条间距	2	尺量检查

4.14.7　安全措施

（1）作业人员必须随时携带和使用安全帽和安全带，防止机具、材料的坠落。

（2）凡需带入楼内的机械，事先必须接受安全检查，合格后方可使用。另外，携带电动工具时，必须在作业前先做自我检查，做好记录。

（3）木工使用锯、电动工具时严禁戴手套。每天作业前后应检查所用工具。

（4）带刃工具不得放在工作台面上，更换完毕后应放回工具箱，关闭电源。

（5）不得随意拆除脚手架连墙件等临时作业设施，不得已必须拆除脚手架连墙件或搭板时，需得到安全人员的允许，作业结束后，务必复原。操作脚手架安装要稳定可靠。

（6）作业前，清理作业场地，下班后整理场地，不要将材料工具乱放，在作业中断或结束时，应清扫垃圾并投放到指定地点。

（7）在电焊作业时，必须设置接火斗，配置看火人员。各种防火工具必须齐全并随时可用，应定期检查维修和更换。

（8）工人操作地点和周围必须清洁整齐，要做到边干活边清理。

（9）现场各种材料机械设备要按建设单位规定的位置堆放，堆放场地应坚实平整，并有排水措施，材料堆放要按品种、规格分类堆放，并应堆放整齐且易于保管和使用。

4.14.8　木饰面板干挂的优点

木饰面板在施工过程中形成了一套标准的制作安装工艺，使其模块化、工厂化，从而有效地压缩了工期。更重要的是充分利用了建筑空间，有效地提高了空间利用率。

1. 提高了施工质量

木饰面板减少了现场手工操作，提高了机械化生产的程度，在一定程度上降低了工艺熟练程度对工程质量的决定性影响。由于木饰面板在安装过程中进入施工现场的都是加工好的半成品，各构配件在工厂内已完成了所有加工和制作环节（如板的贴木皮、各种开孔、油漆涂装等），因此各工序的精细度和整体效果得到大幅度提高，在一定程度上保证了工程质量的稳定性。

2. 加快了施工进度

在工厂制作时，只要提供现场详细的尺寸和深化图纸，就可以大批量生产，不受现场条件和工序的制约。只要现场条件具备，就可以大批量地安装和整合，从而大大加快了施工进程。

3. 改善了使用环境和现场施工环境

现场加工的打孔、锯料、裁板、创切、打磨、喷漆等带来大量的灰尘及噪声污染，且油漆现场涂装，使油漆、稀料、腻子里的苯、二甲苯、总有机挥发物等有害气体长时间滞留在室内，而木饰面板的安装则实现了无钉、无噪声安装，既避免了施工现场电锤、气泵、射钉枪、电锯等产生的施工噪声，又避免了现场油漆对周围环境的污染，满足了用户对材料环保的要求。多种颜色的木饰面板达到了 E1 级板的环保要求标准，防火性能也达到了设计要求，不会对环境产生任何影响，并可以循环利用。

4. 显著地提高了经济效益

板材规格的严格测量及合理设计使得浪费减少；适当的板材厚度使得所需的框架更少；便捷的安装形式，使得现场施工非常容易，可以大量节约人工；由于采用工厂化施工，油漆等材料损耗可控制在最小的范围内，显著地提高了经济效益。

第 15 节　装配式阻燃（环氧树脂饰面）特殊饰面板施工技术

4.15.1　概述

环氧树脂板又叫绝缘板、环氧板、3240 环氧板，环氧树脂是泛指分子中含有两个或两个以上环氧基团的有机高分子化合物，除个别外，它们的相对分子质量都不高。环氧树脂的分子结构是以分子链中含有的活泼的环氧基团为特征，环氧基团可以位于分子链的末端、中间或成环状结构。由于分子结构中含有活泼的环氧基团，使它们可与多种类型的固化剂发生交联反应而形成不溶、不熔的具有三向网状结构的高聚物。

环氧树脂板主要特点：

1. 粘附力

环氧树脂分子链中固有的极性羟基和醚键的存在，使其对各种物质具有很高的粘附力。环氧树脂固化时的收缩性低，产生的内应力小，这也有助于提高粘附强度。

2. 收缩性

环氧树脂和所用的固化剂的反应是通过直接加成反应或树脂分子中环氧基的开环聚合反应来进行的，没有水或其他挥发性副产物放出。它们和不饱和聚酯树脂、酚醛树脂相比，在固化过程中显示出很低的收缩性（小于 2%）。

3. 力学性能

固化后的环氧树脂体系具有优良的力学性能。

4. 电性能

固化后的环氧树脂体系是一种具有高介电性能、耐表面漏电、耐电弧的优良绝缘材料。

5. 化学稳定性

通常固化后的环氧树脂体系具有优良的耐碱性、耐酸性和耐溶剂性。像固化环氧体系的其他性能一样，化学稳定性也取决于所选用的树脂和固化剂。适当地选用环氧树脂和固化剂，可以使其具有特殊的化学稳定性能。

6. 尺寸稳定性

上述的许多性能的综合，使环氧树脂体系具有突出的尺寸稳定性和耐久性。

7. 耐霉菌

固化的环氧树脂体系耐大多数霉菌，可以在苛刻的热带条件下使用。

树脂板改良品种不断推陈出新，品质性能多样，表面纹理可特殊定制，观感效果好，所以近年来，随着装饰装修行业的快速发展，许多高端室内装修采用树脂板做墙面饰面板。其装饰效果完全可与木饰面的装饰效果相媲美。

4.15.2　相关技术要求

1. 环氧树脂板饰面板的材质、颜色、图案、燃烧性能等级（B_1 级）和板材的含水率应符合设计要求及国家现行标准的有关规定。

2. 环氧树脂板饰面板的安装位置及构造做法应符合设计要求。

3. 环氧树脂板饰面板应安装牢固，无翘曲，拼缝应平直。

4. 环氧树脂板饰面板特殊艺术饰面不应有接缝，四周应绷压严密。

5. 环氧树脂板饰面板图案应清晰、无色差，整体应协调美观。

6. 环氧树脂板饰面板饰面纹理应连贯顺畅，过渡自然。面皮的拼贴应严密、平整，无胶迹、无透胶、无皱纹、无压痕、无裂痕、无鼓泡、无脱胶。

4.15.3　工艺流程

装修加工深化出图→现场整体放线、定位→基层处理底板施工→预弹线、复核尺寸→下单制作、审核→工厂制作阻燃板平面基层及造型基层→工厂生产树脂板面层板→专用模具压制胶粘半成品构部件→包装、标签、出厂→按批次进行现场安装→修补、收缝→成品保护。

4.15.4　注意事项

1. 要求环氧树脂板的防火阻燃性能必须到达 B_1 级要求。

2. 使用的原材料和胶合剂等必须环保。

3. 需要树脂板抗氧化、抗晒、耐变色。

4. 依据放线尺寸完成装修施工深化图，要求：制作完成装修平面图、立面图、天花图，明确标示标高、机电末端定位图（定位应保证整体美观，软包面避免设置机电末端）及不同装修材料间的收口工艺，明确饰面板开孔开洞位置。

5. 核实异形环氧树脂板饰面周边饰面（如不锈钢、木饰面、石材等）、活动家具、固定家具等的安装工艺及尺寸。

6. 依据装修深化图纸，确定平板及异形环氧树脂板饰面基层要求（尺寸、定位、前道工序）及施工工艺，经现场实测后制作加工图，加工图应经甲方审核。相关工艺需对接厂商专业人员，经确认后方可下单生产。

7. 因树脂板饰面图案纹理为人工浇筑制作，有不可复制性，故工厂生产环氧树脂面板时需要根据造型复杂度留有足够的损耗量。

8. 环氧树脂板阻燃基层板背面需要做防潮处理。超高超大板面需要有防变形措施。

4.15.5　质量验收要求

参照《建筑装饰装修工程质量验收标准》GB 50210—2018 饰面板工程一章中饰面板

验收规范要求和设计要求。

第 16 节　挂扣胶粘式木饰面板安装工艺

4.16.1　工艺流程

放线→排版→色板确认→基层制作安装→木饰面板进场验收→挂件制作安装→木饰面板安装→修补与成品保护。

4.16.2　施工要点

1. 放线

放线原则要求方正，同部位或各楼层尺寸尽可能一致，方便日后调换安装。放线完成后需将完成尺寸数据收集整理。

2. 排版

排版时整面的分块尽可能统一尺寸，以便安装时出现较大色差板块可临时调换。如有海棠角的在下单时需注意海棠角尺寸扣减。在分工艺缝时尽可能避开在正常视觉高度范围内有工艺缝。同时需注意同一空间其他饰面的分缝位置（如软硬包、石材等）。

3. 色板确认

由厂家根据设计师要求做出样板，建议做一块 150×600mm 左右的大板。交由业主选定后将一块样板切割成多块，每块小样板由业主、设计师、监理签字确认后，根据需要各保留小样板。最后由项目部在切割出来的小样板上签字确认交由加工商按样生产。

4. 基层制作安装

根据图纸及现场放线，采购设计要求的龙骨材料和阻燃基层板，按设计深化排版要求及现场基层控制线进行墙面基层龙骨和基层板制作安装。

5. 木饰面板进场验收

每批拼装物料到达施工现场后，需要安排技术质检人员进行开封抽检并核对来货清单与下单图纸数量是否相符，核对无误时方可办理相关入库手续。此环节需要强调对运输过程中是否有损坏情况的检查；对来料物件包装及标注使用区域文字是否与现场实际使用区域相符进行核对；对拼装物料下货分类及放置位置进行策划。

6. 挂件制作安装

现场在已做好的基层上按面板尺寸要求进行弹线放线控制；同时方便在墙面基层板和半成品木饰面板背面按深化安装图要求进行成品扣挂件安装（扣挂件需工厂成品，有木质和合金材质等）。

7. 木饰面板安装

必要时在扣挂件部位涂刷粘结剂保证安装牢度，同时利用水准仪、经纬仪等工具控制安装平整度和垂直度。

8. 修补与成品保护

（1）拼装物料进行安装前，施工现场需要完成石材、墙地砖的挂贴施工，需要完成乳胶漆分项的一遍面漆施工。避免木拼装安装时现场出现粉尘污染。

（2）安装常规遵循先上后下、先大后小、先门框后饰面再线条的安装顺序。

（3）出现色差、划痕、面层等质量问题，需要安排专业油漆修补人员进行修补。

（4）成品安装好后必须立即安排专业班组进行成品保护，尤其是阳角和门框、门扇区域。

4.16.3　木饰面安装注意事项

1. 基层制作安装：

（1）基层一般封不少于 9mm 厚的阻燃多层板或阻燃木工板，平整度及基层质量标准需要符合拼装厂家的安装要求。

（2）基层所形成的造型阴阳角必须方正垂直。

（3）一般情况下墙面基层板底部与地面完成面之间需留有 5mm 左右空隙。卫生间门套如需做木基层的，要离地面完成面 5～10mm，并在墙体基层及多层板基层背面做不少于 300mm 高的防潮处理。如基层墙体在地下室或靠室外潮湿环境中，则所有木作业基层背面墙面都需做防潮处理。

（4）基层完成面与饰面底层空隙在可调的情况下不超出基层挂条表面 3mm，门套框基层不得超出成品门套外框 30mm。

2. 木饰面采用挂件和胶粘安装方法，如图 4-19 所示。

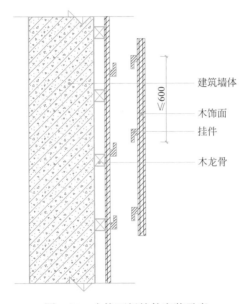

建筑墙体

木饰面

挂件

木龙骨

≤600

图 4-19　木饰面板挂件安装示意

3. 木饰面采用挂条安装每块板不少于两处挂条，上下各一处，如两挂条之间尺寸大于 600mm 宽度的需要在中间加一处挂条，以防饰面板变形。

4. 木饰面与其他装饰材料交接处收口方式：

（1）常规情况下，木饰面与乳胶漆天花吊顶交接处收口方法如图 4-20 所示。

凡木饰面与石膏板乳胶漆天花收口的，天花平整度偏差必须控制在 2mm 以内。否则会影响木饰面上口视觉美观。图片中的木饰面收口处留缝尺寸项目部根据现场需要调整。如需要在交接处用其他方式收口的，则另做深化处理（如打胶、压线条、吊顶留槽等）。

（2）木饰面与墙顶面挂贴石材交接处常规收口如图 4-21、图 4-22 所示。

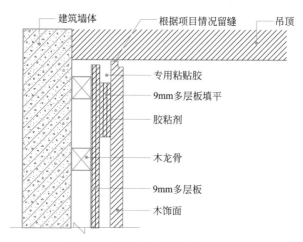

图 4-20　木饰面板与吊顶收口示意

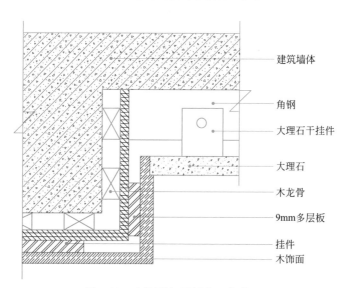

图 4-21　木饰面与石材收口方式一

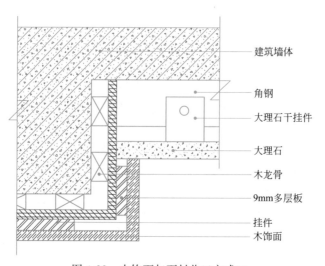

图 4-22　木饰面与石材收口方式二

采用方式一收口的，需要注意木饰面与石材的物理缩胀缝处理，一般情况下会考虑留细缝，细缝内可打胶也可擦缝处理；采用方式二收口的，木饰面与石材收口须注意木饰面及石材的工艺缝，两种饰面材料工艺缝需要一致，同时需要其中一种面材超出工艺缝的深度空间，以避免工艺缝交接处出现空洞。

（3）木饰面与玻璃/银镜常规收口方式如图 4-23、图 4-24 所示。

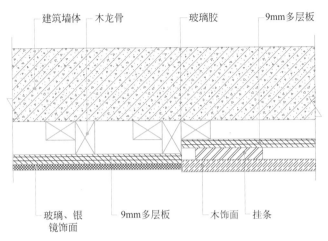

图 4-23 木饰面与玻璃/银镜收口方式一

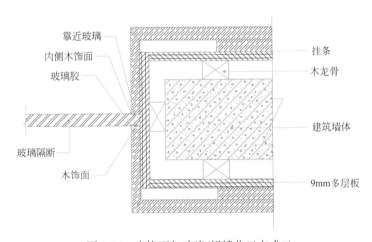

图 4-24 木饰面与玻璃/银镜收口方式二

木饰面表面超出透明玻璃/银镜表面的需在木饰面侧边进行"L"形边框深化，并对边框进行贴皮处理。如玻璃/银镜与木饰面收边设计要求应留缝（不大于 5mm）的，则须进行打胶或其他方法收口。

（4）木饰面与墙纸常规收口方式如图 4-25 所示。

与木饰面接口处的墙面需保证垂直，避免完工后墙纸切口出现波浪状。接口工艺缝内须做木饰面同色油漆。

4.16.4 踢脚线安装注意事项

1. 踢脚线安装前要对墙面基层进行找平、清理，否则会出现踢脚线与墙面结合不紧

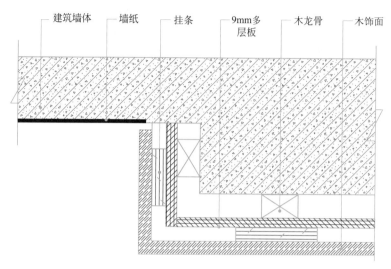

图 4-25   木饰面与墙纸收口方式示意

密、松动的质量问题。

2. 常规应先安装木饰面板，最后安装踢脚线；深化设计时尽可能将木饰面板与木饰面成品踢脚线分开深化并分开加工制作安装。

3. 踢脚线安装不能全胶粘贴，成品踢脚线表面不能用钉安装，必须用卡件或卡条固定，如图 4-26 所示。

4. 不允许在主要视觉区用短条踢脚线进行拼接，重要区域要先排版，避免最后拼接的踢脚线长度少于整条踢脚线长度的 1/3。

5. 踢脚线阴阳角必须 45°裁切拼接，两条踢脚线直线拼接时两个接头最好也进行斜切面拼接，如图 4-27 所示。

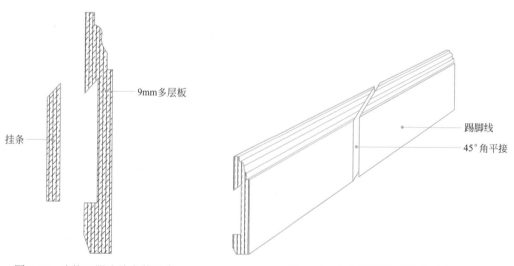

图 4-26   木饰面踢脚线安装示意   图 4-27   木饰面踢脚线拼接示意

4.16.5　质量验收要求

1. 参照《建筑装饰装修工程质量验收标准》GB 50210—2018 饰面板工程一章中木饰面验收规范要求和设计要求。

2. 大面积：上下口水平，平整度 2m 靠尺扇形检查，高低不超 2mm；目测油漆色泽一致，表面无起伏波浪感；逆光视觉观察油漆光泽一致，无划痕。

3. 阴阳角：不允许有起伏不平；水平仪垂直检查 2.5m 内不超 2mm。

4. 门窗套：线条与墙面平衡，线条平整无误差；垂直检查误差不超 2mm，门缝大小一致不超 3mm；门扇开启无声且不与门框有摩擦；入户门扇下口（无防尘条的情况下）与地面完成面空隙控制在 8～10mm，房间内门扇下口与地面完成面下空隙控制在 5～8mm。

5. 各种接口手感平整无起伏，油漆面层无破损；各种工艺缝大小深浅色泽一致；各种收口美观平整，无裂痕。

第 17 节　搪瓷钢板安装施工工艺

4.17.1　施工准备

1. 材料、机具准备

（1）材料：镀锌角码、ϕ12 镀锌膨胀螺栓、1.5mm 厚搪瓷钢板（10mm 厚硅酸钙板背衬＋0.5mm 镀锌钢板）、干挂件、配套龙骨、锯片等；

（2）机具：电焊机、冲击钻、台钻、手锤、毛刷、电锯、喷枪、小线、水平仪、塔尺、卷尺、检查尺、墨斗、专用金钢石拓孔钻、切割器等。

2. 技术准备

（1）结构必须经过业主、设计、监理方验收合格后方可进行墙面工程，并弹好＋1m 水平线及墙面完成面控制线；

（2）根据墙面设计高度，提前搭好操作用活动架，架子的高度要便于施工；

（3）墙体钢骨架基层内的强、弱电管线、消防水管等专业管线全部安装完毕，消防水管打压完毕；

（4）通过会审的施工图纸、相关的会审记录，设计变更通知单，工程洽商及经设计单位确认的深化设计图纸；

（5）所用的材料必须通过报验，膨胀螺栓现场拉拔试验合格，所用材料复试合格；

（6）施工前应组织技术人员熟悉建筑装饰施工图，明确各种细部节点的做法；

（7）对一些特殊要求的施工部位、细部节点应进一步绘制施工节点大样图，逐层进行技术交底，使管理人员对工程情况和技术操作方法做到心中有数，并根据装饰做法及时编制分部、分项工艺作业指导书；

（8）提前做好各种材料加工订货的技术工作；

（9）施工前校核结构内标高控制线、开间尺寸、二次结构垂直平面度；

（10）技术部门根据本工程各项目的特点和实际需要，制定有针对性的分项施工方案，根据方案要求和有关技术、质量规范，做好对施工人员的技术交底。

4.17.2　搪瓷钢板质量标准

（1）搪瓷钢板的品种、规格、形状、颜色、图案、平整度、几何尺寸、光洁度、防腐性能等必须符合设计要求，要有产品合格证；

（2）搪瓷钢板与基底应安装牢固，用料必须符合设计要求和国家现行有关标准的规定，碳钢配件须做防锈、防腐处理；

（3）表面平整、洁净，颜色均匀一致，阴阳角处的板压向正确；

（4）板缝均匀、通顺，接缝填嵌密实，宽窄一致，无错台、错位；

（5）突出物周围的板采取整板套割，尺寸准确，边缘吻合整齐、平顺，墙裙、贴脸等上口平直；

（6）搪瓷钢板除标准平板外，还涉及各种 U 型板、阴（阳）角板、开口板、凹凸板等异形板，运输至施工现场后应按板材的品种、规格分类堆放，施工现场地板材必须堆放在室内，当需要在室外堆放时，应采取有效措施防雨防潮。当板材有较少外包装时，平放堆高不宜超过 2m，竖放堆高不宜超过 2 层，且倾斜角不宜超过 15°。当板材无包装时应将板的光泽面相向，平放堆高不宜超过 10 块，竖放宜单层堆放且倾斜角不宜超过 15°，吊运时采用专用运输架，吊运及施工过程中，严禁随意碰撞板材，不得划花、污损板材光泽面。

4.17.3 工艺流程

复核尺寸、测量、放线、定位→钢架龙骨安装、调整→搪瓷钢板安装、调整。

4.17.4 施工要点

1. 复核尺寸、测量、放线、定位

按照图纸设计要求的控制线进行定位放线，利用仪器对"三线"进行精密复尺，然后放出各工作面的施工线，定出搪瓷钢板平面完成面线位置，根据设计师和甲方意图进行分格排板，绘制排板图和效果图，经复核后进行下一步施工。

2. 钢架龙骨安装、调整

龙骨设计采用三维可调系统，龙骨、搪瓷钢板均可进行微调。钢架与主体结构连接的固件应牢固、位置准确，预埋件的标高偏差不得大于 10mm，预埋件位置与设计位置的偏差不得大于 20mm；钢架与锚固件的连接及钢架镀锌处理应符合设计要求。钢架制作及焊接质量应符合现行国家标准及现行行业标准的有关规定。

建筑物墙体钻螺栓、穿墙螺栓安装孔的位置应满足瓷板安装时角码板的调节要求。钻孔用的钻头应与螺栓直径相匹配，钻孔应垂直，钻孔深度应能保证胀锚螺栓进入混凝土结构层不小于 60mm，钻孔内的灰粉应清理干净，方可塞进胀锚螺栓，穿墙螺栓的垫板应保证与钢丝网可靠连接，钢丝网搭接应符合设计要求，螺栓紧固力矩应取 40～45N·m，并应保证紧固可靠。

挂件连接应牢固可靠，不得松动，挂件位置调节到位，并应能保证搪瓷钢板连接固定位置准确，挂件的螺栓紧固力矩应取 40～45N·m，并应保证紧固可靠，挂件连接钢架 L 型钢的深度不得小于 3mm，附螺栓紧固可靠且距离不宜大于 300mm，挂件与钢材接触面宜加设橡胶或塑胶隔离。钢结构龙骨安装完毕后，进行隐检验收，其平整度、垂直度、拼缝偏差均须符合设计要求，做好隐蔽检验记录后才能转入下一道工序。

3. 搪瓷钢板安装、调整

搪瓷钢板在生产之前，必须根据设计图纸和建设单位要求，现场实测分格排板，绘制排板图，并确定每块板的尺寸及编号。搪瓷钢板禁止在现场开槽或钻孔，一切孔洞均应现场实测后,在搪瓷钢板出厂前预留,加工成半成品现场组合搪瓷钢板(珐琅板)的安装顺序宜由下往上进行,避免交叉作业。

除设计特殊要求外,同一幅墙面的搪瓷钢板色彩应一致,板的拼缝宽度应符合设计要求,安装质量应符合规定。搪瓷钢板的槽(孔)内及挂件表面的灰粉应清理干净,扣齿板的长度应符合设计要求。

4.17.5 注意事项

(1)安装搪瓷钢板必须在主体工程及机电设备安装工程完工后进行。在搪瓷钢板安装前,需检查搪瓷钢板顶端和完成面与其他设备、管线等的距离,确保安装预留空间;在地面弹出墙面装修完成面线,根据图纸确定龙骨安装位置;在墙面钻孔($\phi14mm$)并清理孔洞,用 M12 膨胀螺栓固定竖向龙骨于墙面上,拉线将龙骨调平直;根据墙面装修完成面线及拉通线将龙骨上的干挂连接件调平直之后再安装搪瓷钢板。

(2)搪瓷钢板安装与其他作业有交叉及冲突的,必须按流程要求安排作业次序,墙面石材踢脚、吊顶铝板等之间有收口时,应由搪瓷钢板先安装,再由其他专业进行收口;墙面设备、导向等与搪瓷钢板接缝的位置均需符合图纸要求。

(3)安装搪瓷钢板应使用合适、完好的工具,直接与搪瓷墙面接触的安装工具必须使用柔性接触,如胶锤,橡胶衬垫等。

(4)安装搪瓷钢板时,应使钢板主体处于自然重力状态,不应使用锤击、挤压等强迫方式进行安装。

(5)所有需要在搪瓷钢板上预留的孔洞和缺口必须在工厂加工完成,不能在现场进行开孔、切割、折弯等任何机械加工操作。

(6)必须按工序检验质量,严格遵守"上道工序不合格,下道工序不施工"的质量控制原则。

4.17.6 质量要求

1. 主控项目

(1)搪瓷钢板的品种、规格、颜色和性能应符合设计要求及国家现行有关标准的规定。

检验方法:观察;检查产品合格证书、进场验收记录和性能检验报告。

(2)搪瓷钢板的安装位置及构造的细部做法应符合设计要求。

检验方法:观察;尺量检查;检查施工记录。

(3)搪瓷钢板工程的埋件、角码、龙骨、挂件、紧固件的材质、数量、规格、位置及连接方法应符合设计要求。后置埋件的拉拔力应符合设计要求。组合搪瓷钢板安装应牢固。

检验方法:手扳检查;检查进场验收记录、拉拔检验报告、隐蔽工程验收记录和施工记录。

2. 一般项目

(1)搪瓷钢板表面应平整、洁净,不应有局部压砸等缺陷。

检验方法:观察。

(2)组合搪瓷钢板安装完成面相邻板块间应无明显色差。

检验方法:观察。

（3）搪瓷钢板上孔洞的预留位置应符合设计要求并套割吻合，边缘应整齐。

检验方法：观察。

（4）搪瓷钢板间的接缝应横平竖直、缝宽均匀，宽度应符合设计要求。

检验方法：观察；尺量检查。

（5）搪瓷钢板安装的允许偏差和检验方法应符合表 4-11，每平方米搪瓷钢板表面质量应符合表 4-12 的规定。

搪瓷钢板安装的允许偏差和检验方法　　　　　　　　表 4-11

项次	项　目	允许偏差（mm）	检验方法
1	立面垂直度	2	用 2m 垂直检测尺检查
2	表面平整度	3	用 2m 靠尺和塞尺检查
3	阴阳角方正	3	用 200mm 直角检测尺检查
4	接缝直线度	2	拉 5m 线，不足 5m 拉通线，用钢直尺检查
5	接缝高低差	1	用钢直尺和塞尺检查
6	接缝宽度	1	用钢直尺检查

每平方米搪瓷钢板表面质量　　　　　　　　表 4-12

项次	项　目	质量要求	检验方法
1	裂痕、明显划伤和长度大于 100mm 的轻微划伤	不允许	观察
2	长度小于 100mm 的轻微划伤	≤3 条	用钢尺检查
3	轻微擦伤总面积	≤400mm^2	用钢尺检查

4.17.7　修复方法

搪瓷钢板如出现小于 10mm 可修复性损伤，必须按以下规定进行修复：

（1）使用 200 目的砂纸清理破损区域的铁锈及其他污迹，直至露出金属本体；

（2）吹尘，并使用丙酮擦拭；

（3）使用专门的搪瓷修补液进行表面修补，修补厚度与原表面吻合，均匀而光滑；

（4）待干时间约 6h，待干状态应避免触碰并注意环境清洁；

（5）如大于 10mm 的破损，须先使用丙烯酸树脂对原破损面进行填补，然后待干；

（6）对已经造成金属基体破坏的任何破损，不进行修补，应予以直接更换；

（7）所有的修补应由专业人员或接受过培训的技工进行。

4.17.8　成品保护

（1）搪瓷钢板表面的保护膜在安装完成后方可揭去；表面保护膜置留于搪瓷钢板表面的最长时间不应超过表面保护膜的有效期。

（2）避免任何尖锐的物体直接打击板面，或与任何物体的高压强点接触，如将未做保护的陶瓷钢板施工的爬梯直接作用于板面上。

（3）运输和安装其他设备时，应确保设备与搪瓷钢板墙面有足够距离，不会产生直接擦碰和撞击。

（4）与搪瓷钢板相邻的活动部件，应安装柔性缓冲装置，以避免活动部分直接撞击搪瓷钢板表面；缓冲位置应考虑凸出部位的距离。

（5）由搪瓷钢板材料制成的活动部件，应确保其限位装置工作正常，以避免活动部分直接撞击其他材料而造成损坏。

（6）搪瓷钢板非绝缘体，与电气交叉的部位必须进行绝缘或屏蔽，必须按有关电气安全的国家标准执行。

4.17.9　维护清洗

（1）正常情况下，可使用中性家用洗涤液、水及软布对墙面进行清洗。

（2）如有油漆等难以清理的污渍，可使用相应的溶剂及软布对墙面进行清理，然后进行清洗。

（3）如有难于去除的污迹，可使用橡塑材料或木制的工具刮拭后进行正常的清理；刮拭不应直接撞击墙面。

（4）如有金属刮痕等难以去除的痕迹，可使用 200 目砂纸蘸湿后进行水磨，水磨后按正常程序进行清理。

（5）所有清洗材料均应环保、安全，不会因清洗而产生二次污染。

（6）墙板的维修和更换应由专业人员按操作规程进行。

（7）搪瓷钢板墙面进行维修时，必须根据安装结构进行合理拆卸；有紧定螺丝的结构，拆卸时必须先拧松紧定螺丝；不得使用工具直接在搪瓷钢板表面进行锤击、硬撬等。

（8）墙板应作定时清洁，最长清洁周期不应大于 200 天；如在室外或重污染环境中，最长清洁周期不应大于 100 天。

第 18 节　抗裂半干砂浆找平工艺

4.18.1　抗裂半干砂浆添加剂

抗裂半干砂浆添加剂是从德国引进的适用于水泥基找平施工的高科技产品，其系列产品可满足不同场所的需求，并对现地坪出现的问题，提供高效而廉价的解决方案，并具有如下特点：

1. 针对水泥混凝土基层不平整，可以实现 15～70mm 的找平范围；
2. 可有效提高找平层（垫层）强度；
3. 可有效防止找平层（垫层）的开裂、收缩；
4. 可有效防水、防潮，可以实现含水率控制在 6.0% 以内（最低可至 3.0%）；
5. 可实现施工时间的可控，从 2d 到 28d 不等。

抗裂半干砂浆添加剂在欧洲已被广泛应用于工商业建筑和民用建筑地坪施工，如机场候机楼、商业中心、博物馆、图书馆、宾馆酒店、医院、办公室、工厂厂房等各类地面。其良好的强度表现甚至可以达到 C60 的要求，同时快干型产品可实现可控施工时间，满足工程进度要求。添加剂产品如图 4-28 所示。

4.18.2　抗裂半干砂浆材料配比

肯多宝半干砂浆由普通水泥、0～8mm 连续级配骨料以及 CONTOPP 添加剂组成，配方简洁，性能全面，是现代高质量找平系统的首要选择。具体配比如下（图 4-29）。

4.18.3　工艺流程

清理基层→铺设 PE 膜→砂浆搅拌→砂浆摊铺→找平、收光→后期养护。

图 4-28　不同类别的抗裂半干砂浆添加剂

图 4-29　抗裂半干砂浆材料配比

4.18.4　施工要点

1. 清理基层：清扫基面灰尘、砂砾等杂物，使基面务必保持清洁状态。
2. 铺设 PE 膜：搭边处用透明胶带粘牢，墙角使用护边裙条。
3. 砂浆搅拌：按配比进行搅拌，"手握成团、落地成砂"。
4. 砂浆摊铺：用压辊压实后，使用靠尺挂平，保证标高满足要求（图 4-30）。
5. 找平、收光：不可洒水，且无须过分收光，保证平整度即可（图 4-31）。
6. 后期养护：避免过堂风以及阳光直射。

4.18.5　工艺特点

1. 施工周期短，养护后 1d 即可上人行走，7d 可接受轻微荷载。
2. 地面平整度高，可达到 2mm/3m 的标准，为面层提供好的基础。
3. 地面开裂风险低，低收缩、低水灰比可降低 80% 的开裂风险。
4. 找平层强度高，聚合物再水化技术可使基础达到 C35 及以上强度。

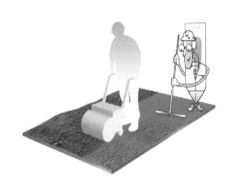

图 4-30 半干砂浆压实找平

图 4-31 小面积人工收光

第 19 节 单元式幕墙安装工艺流程

4.19.1 定义

单元式幕墙，是指由各种墙面板与支承框架在工厂制成完整的幕墙结构基本单位，直接安装在主体结构上的建筑幕墙。

4.19.2 工艺流程

测量放线→地台码安装→打底框安装→单元板块吊装→集水槽安装、打胶→清理。

4.19.3 操作要点

1. 地台码的安装

在单元体吊装前应完成地台码安装及隐蔽验收工作，用全站仪依据坐标放样平面图将单元体定位中心线弹在预埋件上，作为安装支座的依据。

（1）幕墙施工为临边作业，在楼层内将地台码与埋件连接，并且检查地台码的进出、左右偏差。

（2）地台码校对完毕后即进行螺栓初步连接，连接时严格按照图纸要求及螺栓紧固规定。

2. 打底框的安装

在安装起始板块之前需先固定打底框，作为单元板块下部支承，打底框选用与上横框同类型的材料，使得单元板块顺利插入（图 4-32）。

打底框通过螺栓与钢转接件栓接固定，转接件与结构通过埋件焊接固定。

3. 单元板块的进场及检查验收

单元体进场前提前做好进场安排。单元板块运到工地后，用叉车将单元板块整齐堆放在指定的场地，由项目质量员、材料员组织，对进场的单元板块进行质量检查验收，首先检查单元板在运输途中是否有损坏，数量、规格是否有错，检查单元板块是否有出厂合格证等相关资料，单元板块的标志是否清晰，这些条件满足后，再对每个单元板块进行尺寸检查，检查其尺寸误差是否在允许范围内。单元板块的挂耳高度及安装质量要作为重点认真检查。

单元板块经项目质量员、材料员验收合格后，根据相关规范规定，报总包、监理验收，验收合格后，方可进行吊装。

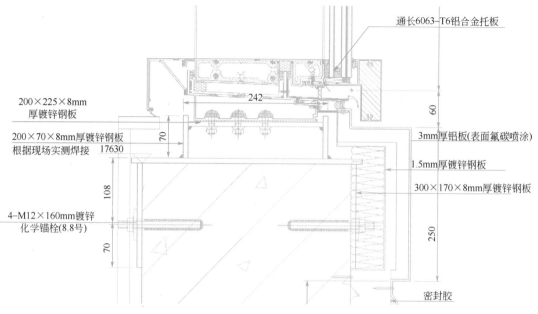

图 4-32　安装示意图

4. 单元板块吊装

单元板块吊装步骤如下：

由于工程主体、钢构、幕墙同时施工，现场场地十分狭小，要科学合理安排材料进场计划及运输线路。20层以下单元板块安装可以计划设置三个起吊点，分别在三个起吊点制作单元板块地面平移轨道，通过卷扬机将板块垂直运输到安装楼层，再通过环形轨道上电动葫芦进行水平运输安装。20层以上单元板块可以通过卸货平台运送到室内，用环形轨道搭配电动葫芦进行安装。

（1）每4层搭设一个卸货平台，单元板块安装前通过塔式起重机将单元板块运输到室内。

（2）单元板块起吊与垂直运输。

1）起吊前施工工人将吊装扁担与夹具和单元板块连接从室内进行吊装；

2）夹具安装好确认牢固后，通过对讲机向楼层操作人员发出起吊指令，单元体从室内通过手推车运输到室外后垂直而上运输；

3）当单元体运输至待安装楼层的上一层时，安装工通过对讲机向操作员发出停止提升的指令，并调节单元体空中高度；

4）安装工人手扶单元板块沿环形轨道运至安装位置进行就位安装。安装人员对挂好的单元板块依据已放的控制线进行细微调整，使单元体的左右、出入达到图纸要求，再利用水平仪（同一水平仪）依据复核过的标高标记（各楼层均有），通过旋转高度调节螺栓，对新装板块进行标高调整，使其达到图纸要求。查看板块间的横竖接缝是否均匀一致，且是否符合安装验收标准要求，否则应查明原因。通过微小横向移动板块等手段进行细微调节，然后进行单元体左右位置挂码限位螺栓安装。安装调整好后，进行下一块板块的吊装。

5. 单元体标高检查

单元板安装后，对单元板标高以及缝宽进行检查，相邻两单元板标高差小于 1mm，缝宽允许偏差为±1mm（图 4-33）。

6. 集水槽安装

单元体标高符合要求后，首先清洁槽内的垃圾，然后进行防水集水槽安装，用清洁剂擦干净再进行打胶工序，打胶一定要连续饱满，然后进行刮胶处理，这一环节不能疏忽。打胶完毕后，待密封胶表干后进行蓄水试验，合格后，再进行下一道工序（图 4-34）。

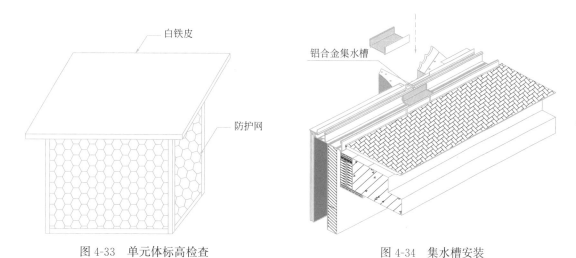

图 4-33　单元体标高检查　　　　　　图 4-34　集水槽安装

7. 单元体吊装人员安排

（1）单元体安装顺序：由下往上，逐层、按序、插接安装，如图 4-35 所示。

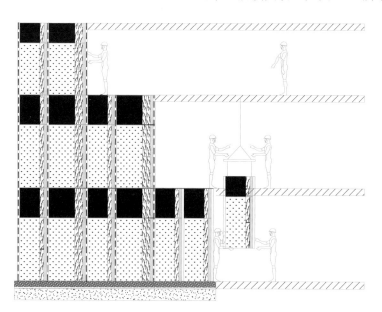

图 4-35　单元体安装顺序

（2）单元体安装前应在楼层临边柱子牢固拉上 $\phi 8$ 钢丝绳，用作安全绳，工人临边作业时必须将安全带挂在此钢丝绳上，在吊装区域的下方拉设警戒线，挂设标识牌，并安排专人看守，严禁下方行人通过。吊装过程中，地面和楼层内安装人员用对讲机随时保持联系，确保吊装过程中通信通畅，如图 4-36 所示。

图 4-36　防护钢丝绳安装示意图

（3）吊装过程中施工人员分布

每 2 个楼层同时由下向上流水作业施工，每层 1 组同时进行施工。

每个吊装小组人员配备情况：

（1）板块起吊点配置工人 4 人，负责板块的平面运输及起吊。

（2）在板块安装层及其上一层各配置 2 名工人负责单元板块的安装工作。

（3）在中间各层分别配工人 1 名，确保板块在下行过程中，板块不与楼体碰撞。

8. 单元体运输过程中需要注意以下事宜：

（1）在单元板块吊装前，一定要对电动葫芦进行试吊，试吊时，在吊车的挂钩上挂 1.5 倍于最大单元板块重量的重物，进行上升和下降操作，看设备是否运转正常，待一切运转正常后，将重物吊挂在空中（距离地面 1.0m 左右为宜），连续吊 6～12h，然后再看设备是否运转正常。一切正常后，再进行正常吊装。此过程需总包、监理、业主单位相关领导进行现场见证。

（2）单元板块吊至安装楼层后，使板块比安装部位稍高一点，施工人员通过调整电动葫芦，对板块进行精确定位，待定好位，单元板块挂耳挂在地台码上，螺栓安装好后才可将吊钩卸下来。在没有挂好前，吊具的吊钩严禁卸下。

第 20 节　石材幕墙施工工艺

4.20.1　定义

石材幕墙通常由石材面板和支承结构（横梁立柱、钢结构、连接件等）组成，是不承担主体结构荷载与作用的建筑围护结构。

4.20.2　工艺流程

测量放线→主龙骨安装→次龙骨安装→满焊→清理焊渣→防锈处理→避雷安装→保温、防火安装→石板安装→打胶、清理。

4.20.3　操作要点

1. 主龙骨安装

（1）工艺流程

测量放线→龙骨点焊定位→龙骨空间位置复核→龙骨紧固→满焊→清理焊渣→防锈处理。

（2）施工要点

1）测量放线：用水准仪测出龙骨水平标高，通过轴线返测出龙骨竖向及进出轴线位置后，拉通长钢丝线对龙骨三维空间位置进行定位，如图 4-37 所示。

通长钢丝线

图 4-37　通长钢丝线控制主龙骨空间位置

2）龙骨点焊定位：复核定位钢丝线无误后进行龙骨定位安装，紧固转接件位置螺栓并将转接件与埋件钢板点焊定位，如图 4-38 所示。

3）位置复核：点焊定位后需要根据定位钢丝线对龙骨三维空间位置进行复核，复核合格后对转接件与后置埋件进行满焊，如图 4-39 所示。

4）满焊：满焊施工时控制好电焊机电流和施焊速度，收弧方法需要注意，否则容易产生暗裂纹。常用收弧方法对比见表 4-13。

图 4-38　定位点焊安装

图 4-39　垫片满焊

常用收弧方法对比表　　　　　　　　　　　　　表 4-13

收弧方法	内　容	适用范围
反复断弧收尾法	焊条移到焊缝终点时，在弧坑处反复熄弧、引弧数次，直至填满弧坑	适用于薄板和大电流焊接时的收尾，不适于碱性焊条
画圈收尾法	焊条移到焊缝终点时，在弧坑处作圆圈运动，直至填满弧坑再拉断电弧	适用于厚板
回焊收尾法	焊条移至焊缝终点时即停住，并且改变焊条角度，回焊一小段	适用于碱性焊条
转移收尾法	焊条移到焊缝终点时，在弧坑处稍作停留，将电弧慢慢抬高，引到焊缝边缘的焊件坡口内	适用于换焊条或临时停弧时的收尾

5）清理焊渣：焊渣必须清理干净，同时在清理焊渣过程中发现漏焊、气孔等问题应及时补焊。

6）防锈：焊渣清理干净后应及时报验收，验收合格后应及时进行至少两遍防锈处理。

7）立柱之间应留不小于 15mm 的伸缩缝（20mm 较合适），通过钢插芯连接，即用小截面的钢材插入下边的龙骨内并焊死，上端龙骨下口套入插芯，插芯一般插入上端型材 200mm。

2. 次主龙骨安装

（1）工艺流程

测量放线→龙骨点焊定位→龙骨空间位置复核→满焊→清理焊渣→防锈处理。

（2）施工要点

1）测量放线（同上）：用水平及竖向通长钢丝线对横龙骨位置进行定位，也可用记号笔标记次龙骨焊接位置标高。

2）点焊定位

① 次龙骨根据造型要求，通常在加工棚进行批量加工，加工时通过预制的钢模控制次龙骨水平等；

② 安装加工好的次龙骨时，首先根据定位标记点焊，完成后进行空间位置复核，将误差控制在允许范围内；

③ 空间位置复核：用水准仪对次龙骨空间位置复核无误后进行满焊施工，满焊时需要控制施焊电流、施焊速度以及收弧方式以保证满焊质量（图 4-40、图 4-41）；

④ 焊渣清理干净后，对漏焊、气孔、焊接不到位等进行补焊施工；

⑤ 焊渣清理干净经验收合格后进行防锈处理，至少涂刷两遍防锈漆（图 4-42、图 4-43）。

图 4-40　批量次龙骨满焊完成

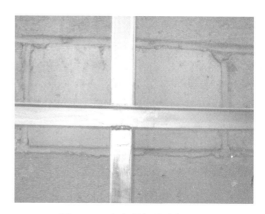

图 4-41　次龙骨焊缝防锈处理

图 4-42　连接件及龙骨防锈处理

图 4-43　主次龙骨焊缝防锈处理

3. 避雷安装

（1）石材幕墙防雷设计与施工应符合《建筑物防雷设计规范》GB 50057—2010 的规定。

（2）避雷网格 10m×10m 或 12m×8m，在顶层需每间隔一根立柱用 ϕ12 钢筋将土建防雷钢筋与幕墙铝立柱连接。用 ϕ12 钢筋将幕墙顶部土建均压环引出钢筋与幕墙铝立柱连接，在 8m 宽度内应有一条立柱用导线上下连通，直至幕墙底部。幕墙龙骨的接地电阻要求小于 10Ω。

（3）避雷节点施工工艺流程

均压环分布图→检查均压环是否连通→焊接→立柱打磨→立柱连接→避雷测试→隐蔽验收。

（4）均压环连接方法

1）主体结构总承包单位提供均压环分布图，了解均压环分布情况；

2）按规范要求设置避雷网；

3）每道横向均压环与幕墙分格的每根竖龙骨连接；

4）竖向均压环中间两道在龙骨插芯处做连接形成避雷网，所有插芯接头处做好均压环连接。

（5）均压环的检查与焊接（图4-44～图4-47）

图4-44　圆钢双面焊接长度符合要求

图4-45　圆钢与预埋件双面焊接

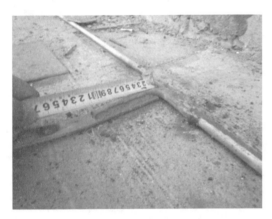

图4-46　圆钢T形连接

图4-47　圆钢与主体结构扁钢焊接

1）对每一个均压环进行检查，确认是否符合设计值，若有问题应向监理汇报。

2）检查方法为采用接地中阻测试仪检查均压环与大地之间的数值。

3）扁钢与圆钢均压环搭接长度为圆钢直径的6倍，双面焊接。

4）圆钢与圆钢均压环搭接长度为圆钢直径的6倍，双面焊接。

4. 保温岩棉、防火岩棉安装

（1）保温岩棉及防火岩棉的容重、厚度应符合设计要求；防火岩棉的隔板必须用经防腐处理、厚度不小于 1.5mm 的铁板。

（2）保温岩棉工艺流程

定位→钻孔→置入塑料管→敲入钢钉。

（3）保温岩棉施工要点

1）定位：按照墙体尺寸和岩棉板规格确定岩棉排版方式，避免碎块、窄条；根据设计要求间距确定锚固点位置。

2）钻孔：穿过已就位的保温板，按规定尺寸钻孔（注意：入墙实际孔深应在 6cm 以上，图 4-48）。

3）置入塑料管：将圆盘锚栓套管直接插于打好的钉孔，呈梅花状布置；圆盘锚栓的圆盘公称直径不应小于 60mm，公差为 ±1.0mm，膨胀套管的公称直径不应小于 8mm，公差为 ±0.5mm（图 4-49）。

4）敲入钢钉：将钢钉用手锤敲于钉管中（钢钉应低于保温板 2mm），保温钉植入深度不小于 25mm，最小允许边距为 100mm，最小间距为 100mm。

图 4-48　岩棉钉安装

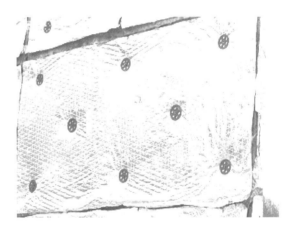

图 4-49　保温岩棉安装

5）对岩棉接缝处进行清理，缝隙过大处要用岩棉再次嵌塞，然后用铝箔胶结带封粘接缝，使铝箔层形成一个完整的防水面。

6）对于开放式幕墙等防水要求较高的幕墙，保温岩棉外侧要增加防水层，常用的做法有：

① 岩棉外侧挂网并涂抹防水抗裂砂浆，防水抗裂砂浆的厚度应符合设计要求；

② 保温岩棉外侧增加热镀锌铁皮（常用厚度为 0.8～1mm），并用塑料胀栓与主体结构锚接牢固，镀锌铁皮由下及上呈鱼鳞状安装，铁皮搭接长度一般不小于 100mm；竖向错缝搭接，搭接缝用密封胶封堵严实（图 4-50）；

③ 岩棉钉间距应符合设计要求。

（4）防火岩棉工艺流程

底托龙骨安装→托板安装→防锈处理→防火岩棉安装→防火胶施工。

图 4-50   岩棉外侧挂网＋防水抗裂砂浆层

（5）防火岩棉施工要点

1）底托龙骨安装：防火托板安装通常采用两种方式：①内侧与主体结构连接处采用自攻钉连接，外侧与龙骨连接采用自攻钉连接；②钢龙骨底部采用角钢焊接作为底托板，与托板焊接连接；

2）托板安装：托板安装时与主体结构紧密接触，空隙处采用防火密封胶封堵；托板与底托角钢焊接牢固，清理焊渣后进行防锈处理；与石材接触部位待石材安装时采用防火密封胶封堵严实（图 4-51、图 4-52）；

图 4-51   防火托板安装   图 4-52   安装完成

3）防锈处理：与底托板焊接的位置清理焊渣后进行防锈处理，涂刷两遍防锈漆；

4）防火岩棉安装：托板安装完成后填充防火岩棉，防火岩棉规格尺寸要求同保温岩棉（图 4-53、图 4-54）；

5）防火胶施工：与主体结构连接部位的空隙及时填充防火胶，空隙过大时用同厚度的防火钢板焊接密封，防锈处理后填充防火岩棉。防火岩棉填充要求密实、饱满，具体要求同保温岩棉。

图 4-53　防火托板与结构连接严密　　　　　　图 4-54　防火岩棉安装完成

5. 石板安装

（1）SE 挂件体系

SE 体系铝合金挂件由一个主件和 S 型、E 型两个副件组成。主件与副件在滑槽内滑动配合，槽内设有贴在侧壁上的橡胶条，避免了主件与副件的硬性接触。主件的平板上设有安装孔，与角钢次龙骨用螺栓连接。副件嵌板槽开口向上的为 S 型附件，嵌板槽开口向下的副件为 E 型副件（图 4-55、图 4-56）。

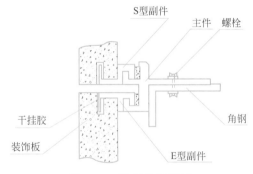

图 4-55　SE 挂件示意图　　　　　　　　　图 4-56　SE 挂件干挂石材

1）工艺流程

主件安装→副件安装→石材槽填胶→嵌入石材→微调并复核石材位置→副件嵌板与石材间填满胶→紧固螺栓。

2）施工要点

① 主件安装：主件通过不锈钢螺栓与龙骨连接，主件与钢龙骨之间应设置耐热的环氧树脂玻璃纤维布或尼龙 12 垫片。

② 副件安装：副件滑槽与主件连接时需在滑槽内嵌入三元乙丙橡胶条。

③ 嵌入石材：安装石材之前拉通长钢丝线以控制石材进出完成面和左右空间位置。在已开好槽的石材槽内嵌入石材 AB 胶，将石材上、下槽口分别嵌入 E 型副件和 S 型副件内，然后根据控制线微调石材位置，确定好石材位置后在副件嵌板与石材间填满石材 AB 胶并紧固螺栓。

④ 安装石材时，环氧树脂石材胶应随用随调（调匀后的石材胶固化时间一般为 15～

20min），用钢丝线控制石材高、低及进出位置的同时应用靠尺检测石材安装的平整度以减小安装误差。

⑤ 石材安装过程中，为保证幕墙整体安装精度，通常先拉通长水平钢丝线安装整个立面的最下端一块石材，即打底。

⑥ 打底石材安装完成后，由下至上安装石材时，用硬质塑料垫块控制水平及竖向胶缝，并要求将石材本身的尺寸误差及施工误差消除在每一层、每一轴线，避免累计误差。

（2）背栓体系

1）运用具有气压成孔技术的石材背栓钻孔设备，在石材板背部进行磨孔、拓孔，并将成孔合格后的石材板与背栓结合，并以每块石材板为单元将力直接通过骨架传递到主体结构。

2）背栓孔要在专业的机床上进行，采用专用设备磨削柱状孔、拓孔、清孔。

背栓钻孔设备切削孔转速最高为12000r/min，自动升频；设备使用与背栓型号、连接形式匹配的钻头，利用气压成孔技术进行磨孔、拓孔，对石材板不会造成损伤。石材板成孔后，对孔径、孔深、拓底孔进行检查，合格后方能安装背栓。

3）工艺流程

背栓敲入→挂件安装→嵌入石材→微调并复核石材位置→紧固螺栓。

4）背栓体系施工要点

① 背栓敲入：将石材水平放置在有橡胶垫的操作台上，将背栓敲入背栓孔；

② 挂件安装：背栓安装完成后要进行组件抗拉拔试验，合格后安装挂件；

③ 安装石材：将安装好挂件的石材嵌入龙骨转接件内，根据控制钢丝线复核石材位置；

④ 紧固螺栓：石材位置调整完成后紧固螺栓（图4-57、图4-58）。

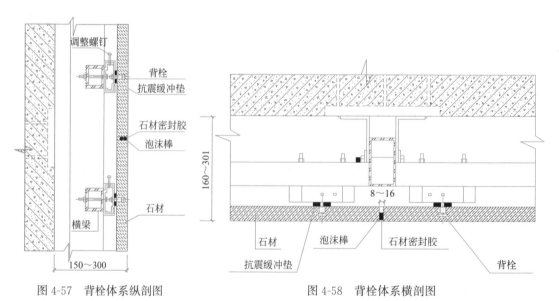

图4-57　背栓体系纵剖图　　　　　图4-58　背栓体系横剖图

（3）背槽体系

1）锚固件与板材之间属于面式接触，接触面积大，锚固件与板材采用机械和胶粘的方式连接固定，不会产生集中应力，锚固方式合理，锚固点牢固可靠，承载力大。

2）背槽通长采用燕尾槽，要在专业的机床上进行加工，如图 4-59、图 4-60 所示。

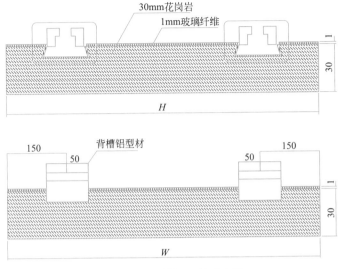

图 4-59　背槽铝型材示意图

图 4-60　挂件安装完成

3）背槽铝型材截面为燕尾式，插入燕尾槽后用环氧树脂胶固定。

4）工艺流程：

挂件安装→嵌入石材→微调并复核石材位置→紧固螺栓（图 4-61、图 4-62）。

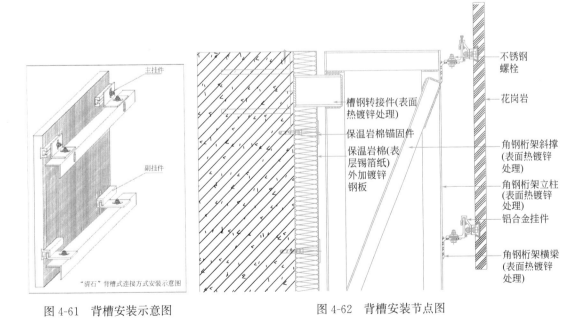

图 4-61　背槽安装示意图

图 4-62　背槽安装节点图

（4）T 形挂件体系

T 形挂件与石材面板硬性接触时，若挂件刚度不足易导致累积承载，一方面石材破坏率高、可更换性差，另一方面抗风振、抗地震性能较差，在《建筑幕墙》GB/T 21086—

2007 中，已经明确"不宜采用"，北京、上海、河北、浙江等省市已将该类挂件列为强制淘汰产品。

6. 开缝式石材幕墙（图 4-63）

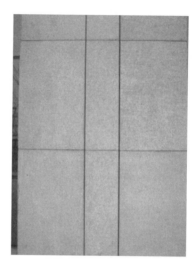

图 4-63　开缝式石材幕墙

1）石材幕墙板块之间的缝隙不填充耐候密封胶的石材幕墙称为开缝式石材幕墙。

2）开缝式石材幕墙按照不同的挂件体系参照前述的各挂件体系的施工工艺。

3）开缝式石材幕墙的石材在安装时位置的偏差不能通过胶缝来掩盖，因此对石材的加工和安装精度要求较高；同时，因石材板块之间的缝隙开敞，石材必须做好全面的防护，尤其注意挂件开槽（孔）位置的防护，防止雨水等渗入石材是避免石材表面锈蚀、低温冻融的关键。

4）开缝式石材幕墙因为开缝所以必须在石材幕墙背后设置防水层，其对于防水和保温有更高的要求。

① 防水：在保温岩棉外侧安装镀锌铁皮，由下及上呈鱼鳞状安装，搭接长度大于20mm，在横向、竖向搭接处及射钉处涂抹耐候密封胶；在施工过程中应特别注意玻璃幕墙（窗）侧与结构之间的防水施工。

② 保温：保温施工应着重注意幕墙或窗周圈位置，封堵保温材料必须到位，避免出现冷桥而影响保温效果。

注：石材安装必须严格按照石材排版编号图安装对应的石材，以保证石材幕墙整体外观效果。

7. 打胶

（1）石材安装完成后必须将石材清理干净后方可进行注胶施工；

（2）根据设计要求的胶缝宽度和胶缝形式，选择合适规格的泡沫棒嵌入石材胶缝（一般泡沫棒直径大于胶缝宽度 2～4mm）（图 4-64）；

（3）注胶前必须在胶缝两侧的石材表面粘贴美纹纸，防止石材密封胶污染石材，保证胶缝横平竖直、宽窄一致、涂胶均匀、表面美观流畅，注胶施工一般由上而下进行，先竖向胶封后再横向胶封，注胶完成后及时集中清理美纹纸，防止余胶污染石材；

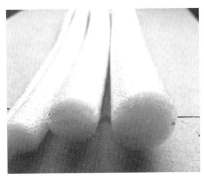
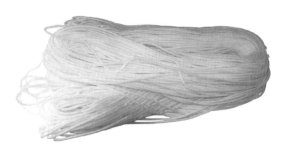

图 4-64　圆形泡沫棒

（4）打胶时还要注意天气情况，杜绝雨天，避免高温与低温 5℃以下作业，以确保打胶质量（图 4-65～图 4-68）。

图 4-65　硬质胶块控制胶缝

图 4-66　打胶前贴好美纹纸

图 4-67　竖向胶缝完成

图 4-68　打胶完成

第 21 节　关于规范理解的几个问题

4.21.1　阳台栏杆高度的规定

在很多规范及很多设计图纸中，大家都可以看到，对多层和高层建筑阳台栏杆的高度要求分别为 1.05m 和 1.1m，很多人还听说过"可踏面"这个概念，也即栏杆的高度应该从"可踏面"起算。那何为"可踏面"呢？对此，《民用建筑设计统一标准》GB 50352—2019 第 6.7.3 条第 3 款做了明确规定：栏杆高度应从所在楼地面或屋面至栏杆扶手顶面垂直高度计算，当底面有宽度大于或等于 0.22m，且高度低于或等于 0.45m 的可踏部位时，应从可踏部位顶面起算。条文说明里也做了说明："宽度和高度均达到规定数值时，方可确定为可踏面。"

4.21.2　《住宅设计规范》GB 50096—2011 有关条文

5.6.2　阳台栏杆设计必须采用防止儿童攀登的构造，栏杆的垂直杆件间净距不应大于 0.11m，放置花盆处必须采取防坠落措施。

5.6.3　阳台栏板或栏杆净高，六层及六层以下不应低于 1.05m；七层及七层以上不应低于 1.10m。

6.1.3　外廊、内天井及上人屋面等临空处的栏杆净高，六层及六层以下不应低于 1.05m，七层及七层以上不应低于 1.10m。防护栏杆必须采用防止儿童攀登的构造，栏杆的垂直杆件间净距不应大于 0.11m。放置花盆处必须采取防坠落措施。

6.3.2　楼梯踏步宽度不应小于 0.26m，踏步高度不应大于 0.175m。扶手高度不应小于 0.90m。楼梯水平段栏杆长度大于 0.50m 时，其扶手高度不应小于 1.05m。楼梯栏杆垂直杆件间净空不应大于 0.11m。

6.3.5　楼梯井净宽大于 0.11m 时，必须采取防止儿童攀滑的措施。

4.21.3　《住宅设计规范》GB 50096—2011 条文说明

5.6.2　阳台是儿童活动较多的地方，栏杆（包括栏板的局部栏杆）的垂直杆件间距若设计不当，容易造成事故。根据人体工程学原理，栏杆垂直净距应小于 0.11m，才能防止儿童钻出。同时为防止因栏杆上放置花盆坠落伤人，本条要求可搁置花盆的栏杆必须采取防止坠落措施。

5.6.3　阳台栏杆的防护高度是根据人体重心稳定和心理要求确定的，应随建筑高度增高而增高。阳台（包括封闭阳台）栏杆或栏板的构造一般与窗台不同，且人站在阳台前比站在窗前有更加靠近悬崖的眩晕感，如图 4-69 所示，人体距离建筑外边沿的距离 b 明显小于 a，其重心稳定性和心理安全要求更高。所以本条规定阳台栏杆的净高不应按窗台高度设计。

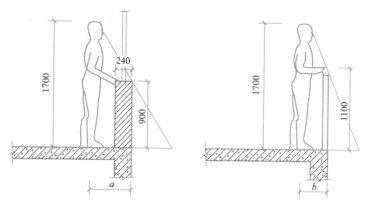

图 4-69　窗台与阳台的防护高度要求不同（单位：mm）

此外，强调封闭阳台栏杆的高度不同于窗台高度的另一理由是本规范相关条文一致性的需要。封闭阳台也是阳台，本规范在"面积计算""采光、通风窗地比指标要求""隔声要求""节能要求""日照间距"等方面的规定，都是不同于对窗户的规定的。

6.1.3　外廊、内天井及上人屋面等处一般都是交通和疏散通道，人流较集中，特别在紧急情况下容易出现拥挤现象，因此临空处栏杆高度应有安全保障。根据国家标准《中国成年人人体尺寸》GB/T 10000 资料，换算成男子人体直立状态下的重心高度为1006.80mm，穿鞋后的重心高度为 1006.80mm＋20mm＝1026.80mm，因此对栏杆的最低安全高度确定为 1.05m。对于七层及七层以上住宅，由于人们登高和临空俯视时会产生恐惧的心理，而产生不安全感，适当提高栏杆高度将会增加人们心理的安全感，故比六层及六层以下住宅的要求提高了 0.05m，即不应低于 1.10m。对栏杆的开始计算部位应从栏杆下部可踏部位起计，以确保安全高度。栏杆间距等设计要求与本规范 5.6.2 条的规定一致。

6.3.5　楼梯井宽度过大，儿童往往会在楼梯扶手上做滑梯游戏，容易产生坠落事故，因此规定楼梯井宽度大于 0.11m，必须采取防止儿童攀滑的措施。

4.21.4　《民用建筑设计统一标准》GB 50352—2019 有关条文

6.7.3　阳台、外廊、室内回廊、内天井、上人屋面及室外楼梯等临空处应设置防护栏杆，并应符合下列规定：

1　栏杆应以坚固、耐久的材料制作，并应能承受现行国家标准《建筑结构荷载规范》GB 50009 及其他国家现行相关标准规定的水平荷载。

2　当临空高度在 24.0m 以下时，栏杆高度不应低于 1.05m；当临空高度在 24.0m 及以上时，栏杆高度不应低于 1.1m。上人屋面和交通、商业、旅馆、医院、学校等建筑临开敞中庭的栏杆高度不应小于 1.2m。

3　栏杆高度应从所在楼地面或屋面至栏杆扶手顶面垂直高度计算，当底面有宽度大于或等于 0.22m，且高度低于或等于 0.45m 的可踏部位时，应从可踏部位顶面起算（图4-70）。

4　公共场所栏杆离地面 0.1m 高度范围内不宜留空。

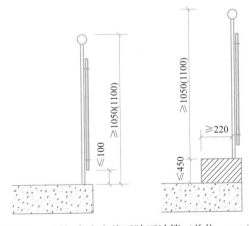

图 4-70　栏杆高度应从可踏面计算（单位：mm）

6.7.4 住宅、托儿所、幼儿园、中小学及其他少年儿童专用活动场所的栏杆必须采取防止攀爬的构造。当采用垂直杆件做栏杆时，其杆件净间距不应大于 0.11m。

4.21.5 《民用建筑设计统一标准》GB 50352—2019 有关条文说明

6.7.3 1 有些专项标准中对栏杆水平荷载有专门规定，如国家标准《中小学校设计规范》GB 50099—2011 第 8.1.6 条 1.5kN/m，高于现行国家标准《建筑结构荷载规范》GB 50009 的规定。因此，栏杆水平荷载取值除满足现行国家标准《建筑结构荷载规范》GB 50009 的要求外，还需满足其他相关标准规定的水平荷载。

2 阳台、外廊等临空处栏杆的防护高度应超过人体重心高度，才能避免人靠近栏杆时因重心外移而发生坠落事故。根据对全国 31 个省市自治区的 3～69 岁中国公民的国民体质监测数据，我国成年男性平均身高为 1.697m，换算成人体直立状态下的重心高度是 1.0182m，考虑穿鞋后会增加约 0.02m，取 1.038m，加上必要的安全储备，故规定 24m 及以下临空高度的栏杆防护高度不低于 1.05m，24m 以上临空高度防护高度提高到 1.10m，学校、商业、医院、旅馆、交通等建筑的公共场所临中庭之处危险性更大，栏杆高度进一步提高到 1.20m。

3 宽度和高度均达到规定数值时，方可确定为可踏面。

6.7.4 住宅、托儿所、幼儿园、中小学及其他少年儿童专用活动场所为防止坠落和攀爬，对防护栏杆设计做了专门要求。其他公共建筑，一般情况下儿童应在监护人陪同下使用，防护栏杆可参照此要求设计。

4.21.6 消火栓箱门开启角度

关于消火栓箱门的开启角度，不同的规范有不同的要求，很多人对此有疑惑。

《消火栓箱》GB/T 14561—2019 规定消火栓箱门的开启角度不能小于 160°。《消防给水及消火栓系统技术规范》GB 50974—2014 在提到消火栓箱的施工安装时，要求开启角度不能小于 120°。为什么要这么规定呢？

大家要了解，《消火栓箱》是一本产品规范。所谓产品规范，主要是对产品自身的规格、型号、分类方式、内部布置以及包装运输储存之类进行规定。一般来说，对于一种设备，如何制造是产品规范的事，如何应用是设计规范的事，如何安装检测验收是施工规范的事。

产品规范中的 160° 是对消火栓箱在生产完成后，安装前其箱门应该能达到的状态。大家应该都见过常规的消火栓箱，门的合页使用非常普通的 180° 合页，开启角度达到或超过 160° 是非常容易的事，不存在任何技术难度。当在现场安装时，如果就是裸装，无论是明装，还是半嵌入，还是全嵌入，只要消火栓箱的门不凹进墙面，都可以轻易地实现 160° 的开启，如图 4-71 所示。

160° 开启的好处主要有两点，一是因为消火栓箱有很多是装在疏散走道上的，如果门完全打开，几乎不影响疏散宽度；二是门开启的角度大，方便使用消火栓。所以消火栓箱作为产品规范，要求 160° 的开启是合理的。

在实际安装中，还会有一种情况，就是建筑的档次比较高，业主对室内效果有追求，而厂家生产的消火栓箱的外观无法满足要求。即使是一些所谓的高档消火栓箱，也没办法满足个性化的要求。所以，在高档楼宇中，在消防箱门外部再做一道装饰门的做法非常普遍。但如果这样做，想达到 160° 的开启角度就变得非常困难，因为消火栓箱实际上成隐藏式的了，如图 4-72 所示。

图 4-71　明装成品消火栓箱

图 4-72　隐藏式消火栓箱

　　现行《消防给水及消火栓系统技术规范》GB 50974 中对于安装完成以后的消火栓箱的开启角度，做了一个放宽，就是 120°。对于有装饰门的情况，120°相对来说就容易多了。当然，120°是一个下限，如果能达到 160°更好。这实际上是规范对建筑效果的一种妥协，有利于规范的实施和实质上的安全。如果项目上做了消火栓装饰门就不能通过消防验收，不做装饰门又特别难看，那就会出现设计时尽量将消火栓箱布置在角落的情况，或者运营方会想方设法用家具或绿植遮挡，消防检查时再挪开。这反倒影响了消火栓的使用和灭火效率。

　　当然，门只开启 120°，虽然不太影响消火栓的操作，但对疏散走道的有效宽度还是有影响的。所以此规范也做了补充规定，就是消火栓门不得影响疏散。

　　如何做到不影响疏散呢？一是增加疏散走道的宽度。高档办公楼层的疏散走道宽度须达到 1.8m，即使被消火栓门遮挡一部分，也不会小于规范规定的宽度。如果不想增加疏散走道的宽度，就得考虑消火栓箱的布置不能放在疏散时人员比较集中的位置，比如疏散门、安全出口附近，门的开启方向和疏散方向要匹配，不要产生阻挡。